세상에서 가장
발칙한 지리 이야기

세계
미스터리 속
지리 상식

세상에서 가장
발칙한 지리 이야기

| 리나 지음 | 유소영 옮김 |

파라주니어

세상에서 가장 발칙한 지리 이야기

2008년 12월 12일 초판 1쇄 인쇄
2008년 12월 19일 초판 1쇄 발행

지은이 | 리나 黎娜
옮긴이 | 유소영
펴낸이 | 김태화
펴낸곳 | 파라북스

주 간 | 이성옥
기 획 | 조은주, 홍효은
마케팅 | 박경만
관 리 | 이연숙

등록번호 | 제313-2004-000003호
등록일자 | 2004년 1월 7일
전화 | 02) 322-5353
팩스 | 02) 334-0748
주소 | 서울특별시 마포구 서교동 343-12
홈페이지 | www.parabooks.com

ISBN 978-89-93212-08-2 (43450)

*파라주니어는 파라북스의 청소년 전문 브랜드입니다.
*값은 표지 뒷면에 있습니다.

초등학교 시절 누구나 한 번쯤 세계 지도를 보며 나라와 수도 이름을 외웠던 기억이 있을 것이다. 세계가 얼마나 큰지 상상하기 어려울 때부터 세계 지도를 보며 더 넓고 큰 꿈을 키우곤 하기 때문이다.

해외여행이 흔하고 편한 세상이 되었다고는 하지만 선뜻 여행을 떠나기란 만만치 않다. 그럴 때 미지의 세상을 향한 호기심과 떠나고 싶은 욕망을 대신 충족시켜 주는 것이 바로 책이다.

처음으로 세계를 입체적으로 보여 주던 지구의는 동그랗고 평평하고 매끈하기만 한데, 세상에는 올록볼록 참으로 기이한 풍광들이 많이 펼쳐져 있다. 아마 평생 동안 세계 곳곳을 다니는 재미에 묻혀 산다 해도 가본 곳보다는 가보지 못한 곳이 더 많을 것이다.

또한 보면 볼수록 희귀한 풍광에 감탄하는 동시에 이런 의문이 떠오를 것이다.

이것은 어떻게 만들어진 걸까? 과연 누가 만들었을까? 어떤 목적이 있을까?

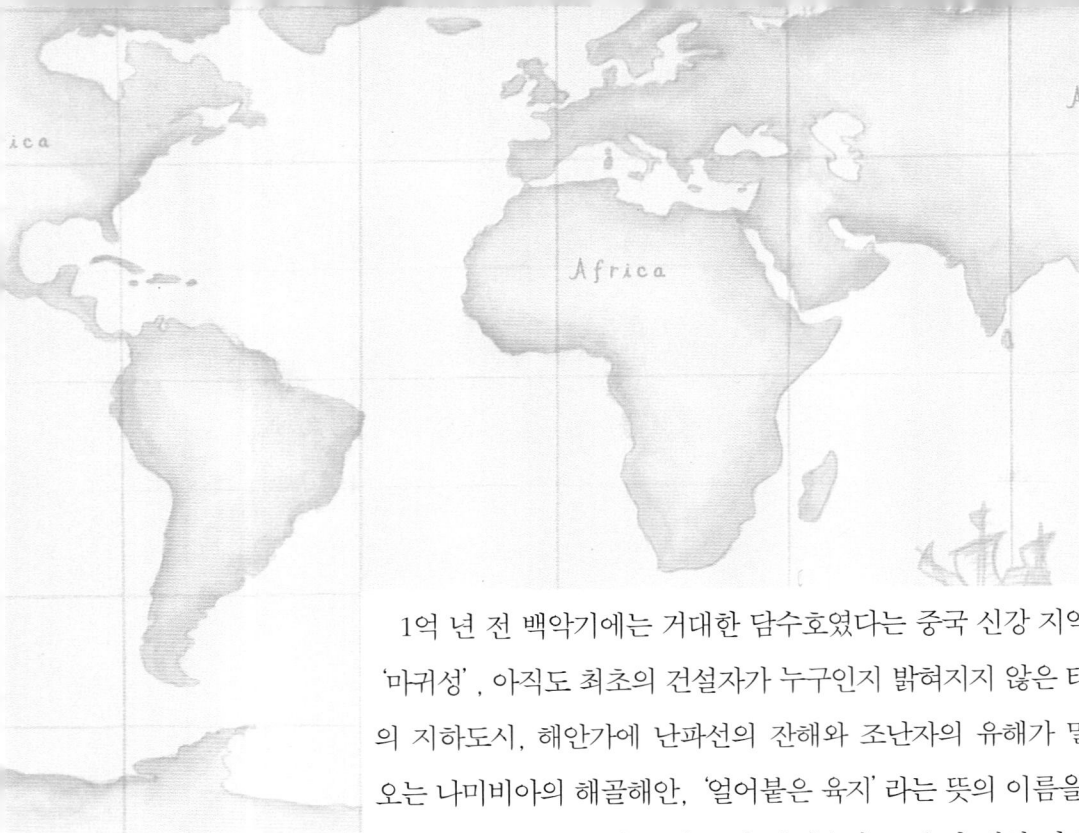

　1억 년 전 백악기에는 거대한 담수호였다는 중국 신강 지역의 '마귀성', 아직도 최초의 건설자가 누구인지 밝혀지지 않은 터키의 지하도시, 해안가에 난파선의 잔해와 조난자의 유해가 밀려오는 나미비아의 해골해안, '얼어붙은 육지'라는 뜻의 이름을 가졌음에도 불덩이를 안고 있는 땅 아이슬란드, 수만 개의 다각형 기둥이 늘어선 아일랜드의 자이언트 코즈웨이 등은 자연의 창작품으로 보기에도, 그렇다고 누군가가 인위적으로 만든 것으로 보기에도 쉽게 납득이 가지 않을 만큼 위압적인 한편으로 신비롭기까지 하다.

　이 책은 이렇듯 세상에서 가장 기이하고 때로는 수상한 지리 이야기를 소개한다. 세계 지리가 간직한 미스터리를 풀어 가는 과정을 통해 지리 상식을 얻는 것은 물론 미지의 세계를 들여다보는 새로운 안목도 얻을 수 있을 것이다.

　자, 이제 흥미진진한 지리여행을 떠나 보자.

유소영

• 차 례 •

4장 아메리카

5장 오세아니아 · 남극과 북극

1장

아시아

사막의 마귀성

중국 신강 지역 곳곳에는 기괴한 소리를 내는 마귀성이 있다.
사막 한가운데 자리한 이 성의 정체는 무엇일까?
물과 바람이 창조한 기괴하고 아름다운 마귀성의 미스터리를 파헤쳐 보자.

마귀성은 인적을 찾아볼 수 없는 대신 매우 떠들썩하다. 드넓게 펼쳐진 맑은 하늘에 미풍이 불어올 때마다 성루를 산책하는 사람들은 멀리서 들려오는 아름다운 음악 소리를 들을 수 있다. 마치 수많은 풍경이 바람에 흔들리고, 1,000만 개의 현이 가볍게 소리를 내는 것 같다.

하지만 회오리바람이 날리면 모래와 돌이 날아오르고 하늘과 땅이 온통 어둠에 뒤덮이면서 아름다운 음악이 갑자기 나귀나 말, 호랑이의 울음소리로 들리는가 하면, 어린애 울음소리, 여인의 날카로운 웃음소리 같은 괴상한 소리로 돌변한다. 이어서 번화한 도시의 한가운데에서처럼 물건을 두고 흥정하는 소리, 고함소리, 싸움소리 등이 끊임없이 귓가에 울려 퍼진다.

다시 광풍이 휘몰아치고 먹구름이 하늘을 가리면 귀신이 내는 듯한 음산한 소리와 늑대의 울음소리가 사방에서 들려오는 가운데 성루는 희미한 어둠에 휩싸인다. 오싹하게 소름이 끼치는 소리 때문에 이 도시에 마귀성이란 이름이 붙었을 것이다.

마귀성은 황폐하고 오래된 성처럼 가로세로 펼쳐진 계곡이 거리를 이루고, 돌기둥과 돈대墩臺(평지보다 높게 솟아오른 평평한 땅)는 큰 도로 주변의 빌딩이 된다. 각양각색의 지형이 화려하게 선을 보여 마귀성을 찾은 사람들은 기기묘묘한 형상들을 보며 마음껏 상상의 나래를 펼친다.

이 신비한 곳은 중국 신강 극랍마의시 오이하 지역에서 동남쪽으로 5km 지점에 위치한다. 해발 350m, 면적 약 187km²에 달하는 마귀성은 후에 야단이라는 이름을 얻었다.

거센 바람이 만든 마귀성의 버섯 바위

위구르 말인 야단은 스웨덴의 스벤 헤딘과 영국인 스타인이 19세기 말부터 20세기 초까지 신강 위구르 자치구인 로프노르 지역을 탐사한 후 보고서에 처음으로 이 명칭을 사용하면서 지질학과 고고학의 학술어가 되었다.

야단 지형은 바람이 오랫동안 가문 강바닥과 호수바닥을 통과하면서 만들어 낸 울퉁불퉁한 지형을 말하며, 로프노르 지역을 포함해 투르키스탄 사막과 모하비 사막 등에서 볼 수 있다. 이처럼 기이한 지형이 어떻게 만들어졌으며, 괴상한 소리가 어디서 흘러나오는지와 관련해서 그 답은 지형에서 찾을 수 있다.

지금으로부터 약 1억 년 전 백악기 시대에 마귀성은 거대한 담수호였다고 한다. 이후 두 번의 지각변동을 겪으면서 호수는 퇴적암과 변성암으로 이루어진 광활한 사막이 되었다.

　모래와 진흙이 층층이 쌓인 마귀성의 지층은 붉은색과 노란
색, 회백색을 띤다. 각 암석층의 두께가 일정하지 않고 매우 단
단한 것이 특징이다.

　강우량이 적고 건조한 사막기후이기 때문에 한낮에는 대지의
기온이 엄청나게 뜨겁지만 저녁이 되면 갑자기 온도가 내려가
일교차가 심하다. 그 바람에 고스란히 밖으로 드러난 암석이 팽
창과 수축을 반복하면서 수없이 많이 갈라지고 구멍이 뻥 뚫린
것이다. 이후 오랜 세월 비바람에 깎이며 기이한 모습으로 변하
고 깊이가 일정치 않은 계곡이 되었다.

건조한 지역의 호수에 오랜 세월 물길이 반복해 들락거리면서 이암(미세한 진흙이 쌓여 딱딱하게 굳은 암석)과 사암(모래가 뭉쳐 단단하게 굳은 암석)이 겹겹이 쌓였지만 사암은 바람과 물길에 씻겨 버렸다. 조밀한 암석으로 형성된 평평한 고지는 폭우로 갈라지고 거센 바람으로 움푹 파이면서 돌기둥이나 외딴 섬 모양의 평평한 산이 되었다.

거대한 돈대는 높이가 12~20m에 이르고 경사가 무척 가팔라서 등반이 어렵다. 횡단면으로 퇴적된 암석의 층리를 분명하게 관찰할 수 있는데 아래는 두터운 녹회색 모래층인 반면에, 최상층은

옛날 중국에서는 마귀성의 모습이 용과 같다며 용성龍城이라 불렀다. 거대한 누각처럼 느껴지는 기이하고 복잡한 둔덕 사이에 있노라면 끝없는 상상의 나래를 펼칠 수 있다.

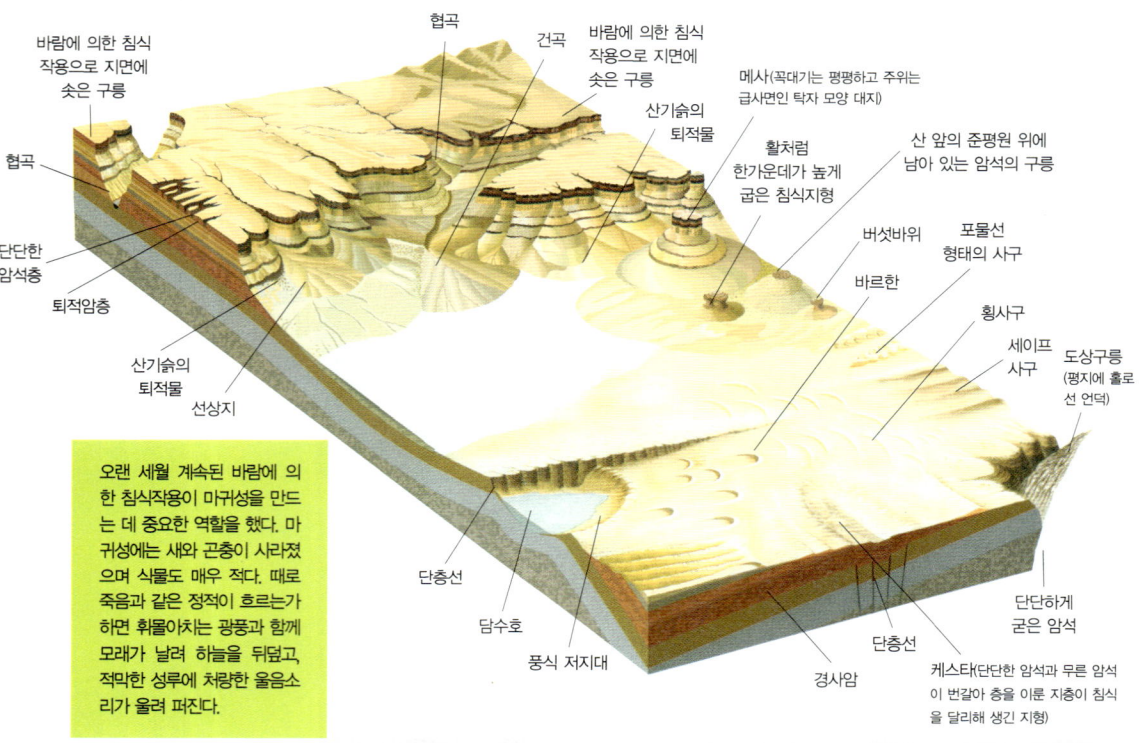

바람에 의한 침식
작용으로 지면에
솟은 구릉

협곡

협곡

건곡

바람에 의한 침식
작용으로 지면에
솟은 구릉

산기슭의
퇴적물

메사(꼭대기는 평평하고 주위는
급사면인 탁자 모양 대지)

활처럼
한가운데가 높게
굽은 침식지형

산 앞의 준평원 위에
남아 있는 암석의 구릉

단단한
암석층

퇴적암층

산기슭의
퇴적물

선상지

버섯바위

바르한

포물선
형태의 사구

횡사구

세이프
사구

도상구릉
(평지에 홀로
선 언덕)

단층선

담수호

풍식 저지대

경사암

단층선

케스타(단단한 암석과 무른 암석
이 번갈아 층을 이룬 지층이 침식
을 달리해 생긴 지형)

단단하게
굳은 암석

오랜 세월 계속된 바람에 의
한 침식작용이 마귀성을 만드
는 데 중요한 역할을 했다. 마
귀성에는 새와 곤충이 사라졌
으며 식물도 매우 적다. 때로
죽음과 같은 정적이 흐르는가
하면 휘몰아치는 광풍과 함께
모래가 날려 하늘을 뒤덮고,
적막한 성루에 처량한 울음소
리가 울려 퍼진다.

어둡고 붉으며 모래가 많이 섞인 점토층이다. 탄산칼슘이 단단하
게 결합되어 보호막을 이루고 있는 꼭대기는 매우 평평하다.

사실 이곳에는 진짜 고성, 고대 주민들이 거주했던 누란 고성
유적이 남아 있다. 땅을 다져 만든 5m²짜리 장방형 건축물은 고
대 실크로드 상에 있던 여관이 아니었을까?

이 지역 사람들은 서쪽에 위치한 로프노르가 마르기 전 이곳
에도 마을이 있었을 것으로 추측한다. 그러던 것이 물길이 이동
해 호수가 사라진 후 동식물이 모두 먼지바람 속으로 자취를 감
추고 일부는 화석으로 남았다. 그때 이곳에 거주하던 사람들은
하는 수 없이 고향을 버리고 선조의 유골까지 챙겨 이곳을 떠났

을 것이다.

현지답사를 한 과학자들에 따르면, 마
귀성은 거센 바람이 불어 올린 모래알갱
이들이 끊임없이 마찰하면서 암석 모양
을 이상하게 바꾸어 놓아 만들어진 것이
라고 한다. 마귀성 안의 단단하고 건조한
암석은 기둥이나 우산 모양으로 땅에서
솟아오르거나 사자와 호랑이처럼 바닥에
엎드려 있기도 하고, 신이나 마귀처럼 괴이하거나 성루나 휘장
같은 장엄한 모습을 연출하기도 한다.

비가 그치고 날이 개자 마귀성 하늘에 아름다운 무지개가 떠올랐다.

마귀성은 준갈이 분지의 노풍구老風口(늘 바람이 부는 어귀라는
뜻)를 마주하고 있어서 1년 내내 중앙아시아의 사막에서 불어오
는 서북풍의 영향을 받는다. 이 바람의 최대 풍속은 24~32m/s
로 매우 거세다. 엄청난 모래알갱이를 싣고 달려드는 거센 바람
에 강도가 균일하지 않은 암벽이 각기 달리 침식되면서 정교하
고 신비한 조각으로 다시 태어난 것이다. 그렇다면 이곳을 음산
한 마귀성이 아니라 '바람의 도시'라고 불러야 하지 않을까?

야단 지형은 보통 건조지역의 퇴적
평원에서 만들어진다. 호숫물이 마
르고 점토가 말라 틈이 벌어지자
이 사이로 바람이 끊임없이 드나들
어 깎이면서 틈이 확대되었다. 원래
평평했던 지면이 너비와 깊이가 각
기 다른 여울과 둔대로 바뀌었다.

발해 대평원은
다시 그 모습을 드러낼까?

중국 동쪽 산동 반도와 요동 반도에 둘러싸인 얕은 바다 발해.
그런데 분명 바다인 이곳에서 육지 동물의 화석이 발견되곤 한다.
그렇다면 발해가 원래는 육지였다는 걸까? 바다가 육지가 된 기막힌 사연을 들어 보자.

발해渤海**는 중국 산동 반도와** 요동 반도에 둘러싸여 서해와 구분되는 폐쇄된 해역이다. 면적은 7만 7,000km², 평균 수심은 18m로, 최고 깊은 곳도 40m가 채 되지

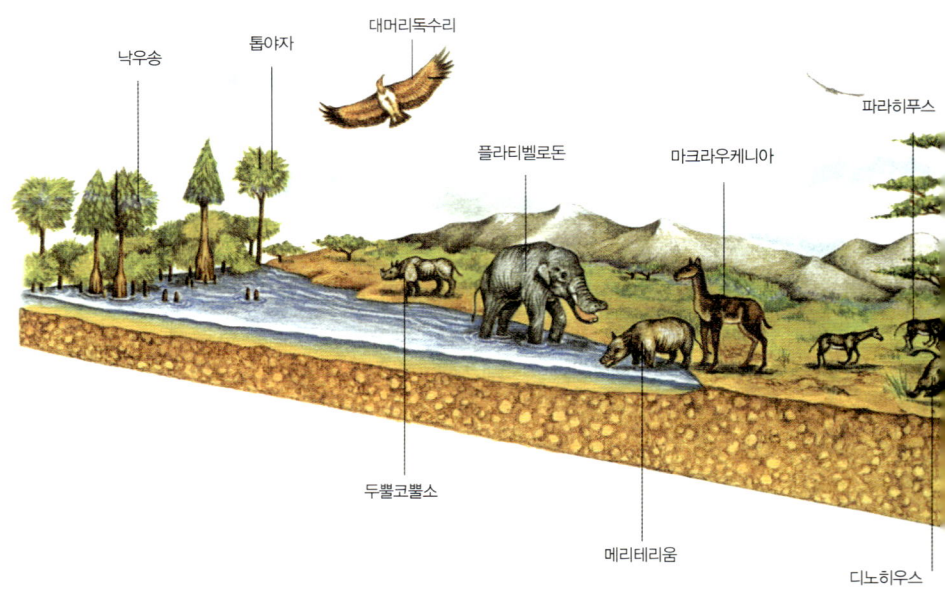

낙우송   톱야자   대머리독수리   플라티벨로돈   마크라우케니아   파라히푸스

두뿔코뿔소   메리테리움   디노히우스

않는다. 발해 입구에는 32개의 섬이 자리하고 있는데, 비교적 큰 남장산도와 타기도, 흠도, 황성도 등을 묶어 묘도 또는 묘도열도라고 부른다.

그런데 발허는 원래 거대한 평원이었다고 하는데, 평원이 어떻게 바다가 된 것일까?

1970년대 초, 발해 밑바닥에서 건져 올린 뼈가 고고학자들의 관심을 불러일으켰다. 연구 결과 이 뼈는 털코뿔소의 이빨로 밝혀졌다. 털코뿔소는 온몸에 연한 검은색의 짧은 털이 나 있는 코뿔소로, 상고시대 비교적 한랭한 북반구에 살던 대형 초식 동물이다.

지금으로부터 약 1만~4만 년 전에 멸종된 이 동물은 중국에

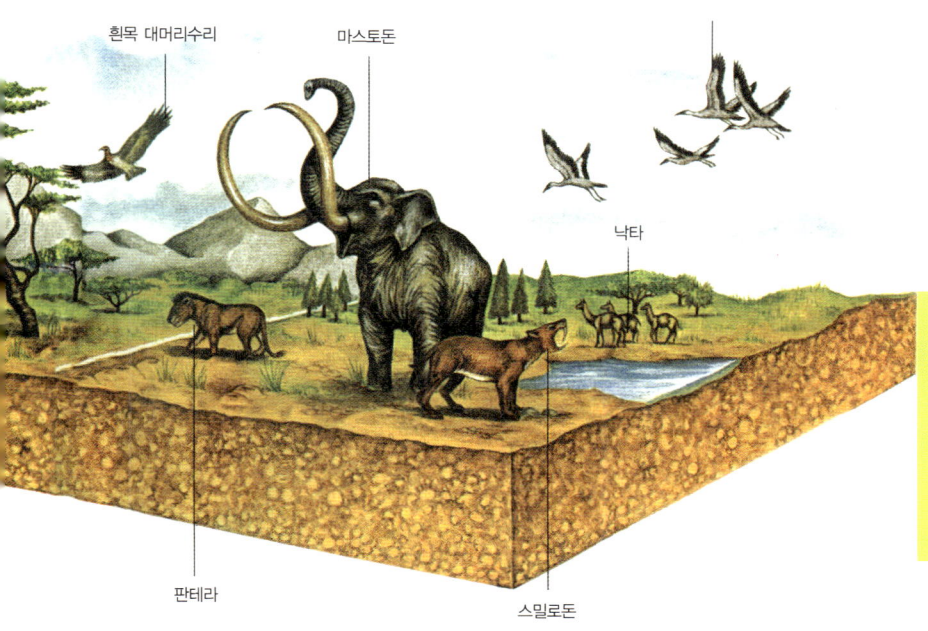

흰목 대머리수리

마스토돈

낙타

판테라

스밀로돈

약 2만 년 전, 발해만은 지금의 못과 비슷한 해변으로 여러 가지 종려나무가 자라고, 대형 포유동물이 많이 살고 있었다. 기후가 따뜻해지면서 빙하가 녹고 해수면이 상승하자 발해 평원도 점차 사라졌으며 고대 인류가 사냥을 많이 해 일부 동물이 멸종되었다.

아름다운 발해만

서는 동북 평원과 화북 평원 등에 서식했다. 바로 이 뼈 덕분에 발해가 먼 옛날 육지였을 것이라는 추측이 제기된 것이다. 털코뿔소는 물에서 생활할 수 없기 때문이다.

이를 증명하듯 발해의 퇴적층에는 한랭한 기후에 사는 매머드와 사슴 등 동·식물 화석이 많이 남아 있다. 이 화석들은 당시 발해 평원이 얼마나 생명력 넘치는 공간이었는지 잘 보여 준다.

1만 년 전 대평원에서는 매머드가 느릿느릿 호숫가를 거닐고 그 사이로 털코뿔소가 풀을 뜯고 사슴들이 서로를 뒤쫓았을 것이다. 그리고 동물들로부터 조금 떨어진 곳에서는 사람들이 사냥감을 향해 슬금슬금 다가서고 있지 않았을까?

고생물학자들은 지금으로부터 1만 년 전 빙하가 확대되면서 원래 가장 깊은 곳도 40m에 불과했던 옛 발해 평원이 단번에 100∼150m 내려앉았다고 말한다. 평탄한 대평원은 곧 수많은 동물의 낙원이 되었지만 이후 기후가 따뜻해지자 빙하가 녹으면서 분지 형태의 평원이 점차 물에 잠긴 것이다.

최근 해수면의 변화가 다시 관심을 끌고 있다. 앞으로 해수면이 상승해서 발해 연안 일부가 물에 잠길 것이라는 주장과 해수면이 내려가 발해 평원이 다시 나타날 것이라는 설이 팽팽하게 맞서고 있다.

《난주지》의 기록에 따르면, 1820년 발해 서쪽의 작은 섬인 조비전은 면적이 약 8km²였다. 그런데 1925년 이후 이 작은 섬에 끊임없이 파도가 밀려와 대부분의 땅이 무너져 바다로 떨어진 탓에 지금은 아예 모습을 찾아볼 수 없다.

그런데 황하강 하구의 상황은 이와 정반대다. 1855년 이래 언덕이 점차 넓어지고 토사가 높이 쌓이면서 조간대(만조 때와 간조 때의 해안선 사이)의 너비가 매년 수십m씩 넓어졌고 약 860ha의 새로운 토지가 생겼다. 한편 황하강에서 떠밀려온 모래진흙이 발해만과 내주만에 쌓이면서 해안선이 바다를 향해 확장되고 있다.

현재 여러 이유로 발해의 해안선도 들쑥날쑥 변하고 있다. 발해가 대평원으로 돌아갈지, 아니면 바다가 더 넓어질지는 시간이 좀 더 흐른 후에야 알 수 있을 것이다.

CHAPTER 03

터키의 지하도시

터키의 카파도키아 지역에 있는 지하도시.
지하에 통풍구와 부엌, 거주지, 교회당과 정밀한 도로 등 정교한 도시를 만든 사람은
과연 누구일까? 그리고 도대체 무엇 때문에 땅 속으로 숨어든 것일까?
지하도시의 발견에서부터 활용까지 과거와 현재를 여행해 보자.

면적이 4,000km²에 달하는 터키의
카파도키아 지역에서 지금까지 36개의 지하도시가 발견되었다.
이 일대를 잘 알고 있는 사람들은 이보다 훨씬 더 많은 지하도시
가 있을 것이라고 주장한다.

지하도시는 대부분이 지하 3층 이상이고 제일 아래층에서는
셈족의 유물이 발견되었다. 도시는 모두 지하도로 연결되어 있
는데, 그 중 가장 큰 지하도시인 데린쿠유를 잇는 지하도 중 하
나는 길이가 10km에 이른다.

지하도시에는 창고와 거주 공간, 우물, 통풍구, 침입자를 잡기
위한 함정 등이 있으며, 각 거주지들은 수천 명이 기거할 수 있
을 만큼 규모가 크다. 이토록 거대한 지하도시를 누가 언제, 어
떤 용도로 건설한 것일까? 우선 지하도시가 발견된 역사부터 훑
어보자.

카파도키아의 지하도시를 최초로 발견한 사람은 프랑스 국왕
루이 14세의 명령으로 터키를 방문한 밀사였다. 이곳을 지나가

다 우연히 버려진 동굴 교회당을 발견한 그는 유럽으로 돌아가
이 사실을 알렸지만 아무도 그 말을 믿지 않았다.

　나중에 이 사실이 널리 퍼지자 점차 이곳을 찾는 사람이 많아
졌고, 터키 사람들 역시 이곳으로 이주하여 황무지를 개간하면
서 20세기 초 드디어 드문드문 마을이 생겨났다. 주민들은 대부

분 버려진 동굴을 거주지로 삼았지만, 역사적으로 인류가 동굴에서 생활한 것은 특별한 일이 아니었기 때문에 고고학자들의 특별한 관심을 끌지 못했다.

시간이 흘러 1963년, 땅에 물을 뿌리던 한 농부가 마당에서 동굴 입구를 발견했다. 마을 사람의 도움을 받아 계단을 타고 안으로 들어간 농부는 지하 8층이나 내려가 미궁 같은 지하도시를 발견했다. 이 엄청난 소식을 접한 고고학자들이 몰려들면서 지하도시 발굴이 본격적으로 이루어진 것이다.

카파도키아에는 지상에도 바위산을 파서 만든 동굴수도원과 동굴성당이 많다. 높이가 6m 이상인 동굴은 대부분이 겨우 한

유네스코 세계자연유산으로 지정된 터키 괴레메 국립공원은 아나톨리아 고원 중부의 화산지대에 있다. 넓이가 96km²로 화산 폭발로 형성된 동굴과 갖가지 모양의 석림石林이 많다.

사람이 들어갈 수 있을 정도로 작지만 동굴성당은 수십 명에서 100명 이상이 들어갈 수 있을 만큼 크기가 다양하다.

동굴성당은 천장을 돔 형식으로 뚫고 아래에 둥근 기둥과 문, 계단을 만들었으며 사방에 십자가와 신상, 제단과 벽화로 장식해 놓았다.

기록에 의하면, 로마시대 때 탄압을 피해 기독교 신자들이 이곳으로 피난을 왔다고 한다. 4세기 초 처음으로 피난민이 이주한 뒤 15세기 오스만투르크가 콘스탄티노플(지금의 이스탄불)을 공격할 때까지 피난 행렬이 이어졌다.

이 가설에 반대하는 사람들은 기독교 인이 이곳으로 피난을 오긴 했지만 그들이 이곳을 건설한 것이 아니라 이미 오래 전에 지하도시가 만들어졌다고 주장한다. 그러나 안타깝게도 이 역시 가설에 불과할 뿐 누가 지하도시를 건설했는지는 아직 비밀에 싸여 있다.

카파도키아 동굴수도원

카파도키아 지하도시는 이집트 피라미드에 결코 뒤지지 않는 위대한 건축물이다. 그 옛날 정밀한 기계나 운송차량이 없는 상황에서 어떻게 단단한 암석에 구멍을 뚫고 돌을 운반할 수 있었을까? 사람들의 수고를 덜어준 것은 바로 지형과 비바람이었다.

약 800만 년 전 화산 활동의 중심지였던 카파도키아의 지형은 단단한 현무암을 부드러운 응회암이 둘러싸고 있는 형태였다. 이후 비바람에 의한 침식작용으로 응회암이 깎이고 화산이 폭발하면서 터널식 동굴이 만들어져 지하도시를 건설하는 데 많은 도움이 되었을 것이다.

누가 지하도시를 만들었든 지하에 거주지를 마련했다는 것은 땅 위의 무언가로부터 도망쳤음을 의미한다.

셈족의 성서에 따르면, 솔로몬 왕이 비행기로 이 지역을 정찰해 셈족을 불안에 떨게 만들었다고 한다. 붙잡히면 박해받으며 노예처럼 몹시 힘든 일을 해야 했으므로 하늘에 감시자가 뜨면 경보를 울리고 모두 지하도시로 숨어든 것은 아니었을까? 물론 이 역시 추측에 불과하다.

그런데 지상의 그들은 정말로 지하에 숨어든 사람들을 찾지 못했을까? 그들도 아마 땅 위에서 농사를 지은 흔적이나 사람이 없는 집들을 발견했을 것이다. 그리고 통풍구를 통해 밥을 짓는 연기가 땅 위로 새어나오는 것도 분명 보았을 것이다.

지하도시에 머무는 사람들을 굶겨 죽이거나 통풍구를 막아 숨을 못 쉬게 하는 것쯤은 식은 죽 먹기였을 것이다. 그래서 지하도시에 살던 사람들이 이곳을 버리고 떠난 걸까?

하지만 카파도키아 지하도시에 살던 사람들은 흔적도 없이 사라져 여러 의문에 대해 아무런 대답도 들을 수 없다.

궁금증을 뒤로 한 채 현재 카파도키아의 동굴은 집이나 여관, 식당으로 개조되어 관광객을 불러모으고 있다. 높이가 6m 이상인 커다란 동굴호텔에서는 100명 이상이 한꺼번에 식사도 할 수 있다. 이곳은 지금 현대적 관광시설과 기괴한 암석, 중세 동굴이 어우러져 또 다른 운치를 자아내고 있는 것이다.

CHAPTER 04

히말라야 산맥은
계속 높아지고 있는 걸까?

세계 최고봉 에베레스트 산이 있는 히말라야 산맥.
이 산맥은 수많은 산악인들이 등정에 도전했다가 목숨을 잃을 만큼 높고 험하다.
그런데 히말라야 산맥이 처음부터 이렇게 높았던 것은 아니라고 한다.
그렇다면 히말라야 산맥은 어떻게 높아진 것일까?

에베레스트 산(네팔 말로 사가르마타)
과 네팔 수도 카트만두 사이의 빙
하호는 설인의 고향이지만 지금까
지 과학계에서는 설인을 생물종으
로 여기지 않는다.

히말라야 산맥은 티베트 고원 남쪽에 위치한 세계 최고의 산맥으로 중국과 파키스탄, 인도, 네팔, 시킴, 부탄 등에 걸쳐 있다. 하늘을 떠받친 히말라야 산맥의 형성과 관련해 전해져 내려오는 전설이 있다.

티베트 전설에 따르면, 히말라야 지역은 아주 오래 전 한없이 크고 넓은 바다였다. 빽빽하게 우거진 숲에서 수많은 동물이 근심 걱정 없이 평화롭게 살고 있던 어느 날 바다에서 독사 다섯 마리가 나타나 숲을 파괴하며 동물들을 괴롭혔다. 독사에게 쫓기던 동물들이 도망갈 곳을 찾지 못해 쩔쩔매고 있을 때 마침 하늘의 오색구름이 다섯 선녀로 변해 해안으로 내려와 독사들을 물리쳤다.

동물들의 간곡한 요청으로 땅에 남은 선녀들이 바다를 뒤로 물러나게 하자 동쪽은 다시 빽빽한 숲이 우거졌으며 서쪽으로 드넓은 밭이 펼쳐지고, 남쪽에는 화초가 가득한 화원이, 북쪽에는 목장이 들어섰다. 마지막으로 선녀들은 히말라야 산맥 서남쪽의 다섯 주봉이 되어 행복한 낙원을 수호했다.

세계 최고봉인 초모룽마(티베트 어로 세계의 모신(母神)이란 뜻), 즉 에베레스트 산이 제일 처음 생긴 주봉으로 이 지역 사람들은 이를 선녀봉이라 부른다.

히말라야 산맥은 세계에서 가장 젊은 산맥 가운데 하나로서 평행으로 펼쳐진 수많은 산맥으로 구성되어 있으며 전체 길이가 2,450km에 달한다. 시왈리크 산맥과 그 뒤에 있는 소히말라야 산맥, 산맥의 주축에 해당하는 대히말라야 산맥 등 3개의 산계로 나눈다.

에베레스트 산 서남쪽 끝 고쿄에서 바라본 세계 최고봉. 산세가 매우 험준하다.

주산맥인 대히말라야 산맥의 높이는 평균 6,000m 이상으로, 험준한 봉우리가 즐비하며 7,000m가 넘는 봉우리가 50여 개, 8,000m 이상도 16개에 달한다. 세계 최고봉인 에베레스트 산은 중국과 네팔 변경에 있다.

히말라야 산맥은 지각이 융기될 때 테티스 해라는 바다 밑 두터운 퇴적암층이 바다에서 밀려 올라가면서 형성된 것이라고 한다. 그렇다면 이처럼 거대한 융기를 일으킨 힘은 무엇일까? 대부분의 지질학자들은 그 원인으로 대륙이동을 꼽는다.

1억 년 전, 인도 대륙이 아프리카 남부에서 떨어져 북쪽으로 흘러가면서 인도 대륙과 유라시아 대륙 사이에 있던 테티스 해 밑바닥의 퇴적층이 조금씩 솟아올랐다. 그로부터 약 3,000만 년 후 마침내 인도 대륙이 유라시아 대륙과 충돌해 그 아래를 파고들자 해저 퇴적층이 밀려 올라가면서 히말라야 산맥이 탄생했다는 것이다. 이 때문에 히말라야 산맥에는 심한 습곡과 단층이 형성되었다.

초기 히말라야 산맥과 알프스 산맥은 높이가 엇비슷했다. 그러던 것이 히말라야가 어떻게 세계 최고가 된 것일까?

스위스의 한 지질학자는 인도 대륙이 유라시아 대륙과 충돌한 후에도 유라시아 대륙을 밀어올리는 지반활동이 계속되기 때문이라고 주장한다. 그와는 달리 지각의 어느 부분이 낮아지면 다른 부분이 올라가 끊임없이 지각의 균형을 맞추려는 지구 운동 때문이라는 가설도 있다.

그 원인이 무엇이든 간에 히말라야 산맥의 에베레스트 산정의 고도가 계속 높아지고 있는 것은 분명 사실인 듯하다.

히말라야의 설인, 예티

2~3m에 달하는 커다란 키, 30cm나 되는 발, 온몸이 긴 털로 뒤덮여 고릴라처럼 생겼지만 사람처럼 똑바로 서서 다니는 괴물. 히말라야 산맥 주변에서 여러 번 목격되어 세상에 알려진 설인, 예티의 모습이다.

네팔 주민뿐만 아니라 에베레스트 산에 최초로 오른 힐러리 경, 영국 식물학자 월리스, 히말라야의 8,000m급 산봉우리 14개에 모두 오른 라인홀트 메스너 등의 구체적인 목격담이 전해지면서 예티에 관한 관심이 더욱 커졌다. 이후 예티 것으로 보이는 발자국과 배설물 등을 수집하고 예티의 모습을 카메라에 담았지만 예티가 존재한다는 완벽한 증거는 되지 못한다.

예티의 머리가죽이라며 전시됐던 것은 염소가죽을 이어 붙인 것으로 밝혀졌으며, 라인홀트 메스너는 직접 예티를 찾아 12년간 히말라야 등지를 헤맨 끝에 예티가 히말라야에만 사는 곰의 일종이라고 결론을 내렸다. 한편 예티의 것으로 추정되는 털의 DNA를 분석한 결과 현재까지 알려진 동물 종과는 다르다는 것만 확인되었을 뿐이다.

히말라야뿐만 아니라 세계 곳곳에서 전설로 전해져 내려오는 거대한 설인 예티는 정말 존재하는 것일까? 존재한다는 확실한 증거도, 그저 전설에 불과하다는 확신도 없는 지금 예티는 여전히 베일에 싸인 채 호기심을 불러일으킨다.

CHAPTER 05

에덴동산은 어디에 있을까?

많은 사람들이 인류의 낙원으로 묘사되는 에덴동산이 실제로 존재했다고 믿으며
그 위치를 찾고 있다.
에덴동산은 정말 존재하는 걸까? 그렇다면 어디에 있을까?

《성경》에 따르면, 하느님이 인류의 조상인 아담과 이브를 창조한 후, 맑은 시냇물이 흐르고, 새가 노래하며, 향기로운 꽃이 만발한 에덴동산에서 함께 살도록 했다고 한다. 그곳에서 아담과 이브는 아무런 근심 걱정 없이 행복하게 생활하고 있었다.

그러던 어느 날, 아담과 이브는 선악과를 따먹지 말라는 하느님의 말씀을 거역했고 이에 화가 난 하느님은 그들을 에덴동산에서 쫓아 버렸다. 이후 아담과 이브는 행복했던 삶을 뒤로 한 채 온갖 고통과 고난에 시달렸다.

인류의 생명과 문명의 기원을 상징하는 에덴동산. 사람들은 지금도 끊임없이 이 아름다운 동산의 실체를 파악하기 위해 노력하고 있다.

인류학자와 종교계 인사들은 에덴동산이 갖춰야 할 세 가지 조건을 제시하였다. 첫째, 인류의 발상지일 것, 둘째, 기온이 따스할 것, 셋째, 상고시대 인류의 문명을 간직한 곳일 것 . 요컨대

에덴동산은 인류의 발상지이자 거주지로서 이상적인 조건을 갖추어야 한다는 뜻이다.

그렇다면 에덴동산은 과연 어디에 있을까? 많은 사람들이 에덴동산을 찾기 위해 첨단 과학기술을 동원하며 아프리카와 아메리카, 유럽, 아시아의 고산지대와 협곡, 평원을 돌며 역사와 문화재를 고증하고 관련 전설을 수집하고 있다. 그러나 이러한 노력도 에덴동산이라는 신비한 그림자를 좇기에는 턱없이 부족하다.

《성경》의 〈창세기〉를 보면, 에덴에서 강줄기가 흘러 4개의 지류를 형성하였으니 그곳이 바로 유프라테스 강과 티그리스 강, 기혼 강, 비손 강이다.

일부 학자들이 이를 근거로 에덴동산을 찾으려 했지만, 4개 강 가운데 지금 남은 건 둘뿐이라는 난관에 부딪혔다. 그래서 현재 기혼 강과 비손 강 위치와 관련해 여러 가설이 거론되고 있는 상황이다.

미국 미주리 대학교 유리스 자린스 교수는 오랜 고증 끝에 비손('풍부하게 흐르는 강'이라는 뜻) 강이 사우디아라비아에 위치한다는 의견을 내놓았다. 그곳은 지리와 기후의 변화로 이미 광활한 사막이 된 지 오래다.

한편 기혼 강('솟아나듯 흐르는 강'이라는 뜻)은 이란에서 발원해 페르시아 만으로 유입되는 카룬 강이라는 설도 있다.

이를 근거로 자린스 교수는 페르시아 만의 네 강이 교차하는 지역에 에덴동산이 있었을 것이라 주장한다. 그런데 마지막 빙하기 이후 빙하가 녹아 해수면이 높아지면서 에덴동산이 페르시

아 만 밑으로 가라앉았다는 것이다. 고대 그리스 인이 '메소포타미아'라 부른 두 강 유역은 문명이 일어날 만큼 풍요로웠으므로 자린스 교수가 지적한 지역이 《성경》에 등장하는 에덴동산과 가장 비슷한 조건을 갖춘 셈이다.

또 다른 고고학자들은 수메르(지금의 이라크 지역에 해당하는 세계 최고最古의 문명 발상지) 신화와 《성경》이 비슷하다는 점에 관심을 기울인다. 수메르의 창조신화에도 진흙을 빚어 인간을 만든 신과 질병과 죽음이 없는 낙원이 등장하며, 그들이 사용한 설형문자에서 '에덴'과 '아담'이란 표현도 찾을 수 있다.

에덴동산과 관련된 수메르 신화를 살펴보자. 먼 옛날 물의 신 엔키와 땅의 여신 닌후르사가가 살고 있었다. 어느 날 닌후르사가가 만든 여덟 가지 진귀한 식물을 엔키가 몰래 훔쳐 먹자 화가 난 닌후르사가는 남편을 떠났다.

그런데 얼마 후 엔키의 몸 여덟 곳에 병이 생기자 닌후르사가는 할 수 없이 쾌유의 여신 8명을 창조해 남편을 치료했다.

그중 엔키의 갈비뼈를 치료하기 위해 탄생한 닌티라는 여신의 이름은 생명을 주는 고귀한 여성이란 뜻이다. 모두 알고 있는 것처럼 《성경》에서 이브는 하느님이 아담의 몸에서 뽑아낸 갈비뼈로 창조한 여인이다. 인류의 어머니 이브는 생명의 여신 닌티와 일맥상통한다.

일부 학자들은 만약 네 줄기의 강이 에덴동산에서 흘러나왔다면 에덴동산은 유프라테스 강과 티그리스 강의 북쪽인 아르메니아일 것이라고 주장한다. 그러나 기혼 강과 비손 강이 어디인지

정확하지 않기 때문에 이 역시 가설에 불과하다.

　에덴동산이 이스라엘에 있었다고 주장하는 사람들은 요르단 강이 이스라엘로 흘러든 후 4개의 지류로 나뉘는데, 나일 강이 바로 기혼 강일 것이라고 추측한다. 또한 예루살렘의 모리아 산이 에덴동산의 중심으로서 예루살렘 전체가 에덴동산이라고 말하는 사람도 있다.

　이 밖에 나일 강 하류야말로 《성경》에 묘사된 에덴동산과 가장 비슷하다는 주장도 있다. 이곳에서는 물이 하늘에서 내리는 게 아니라 대지에서 솟아오르기 때문이다. 실제로 나일 강은 첫 번째 폭포에 도달하기 전까지 지하에서 흐르다가 어느 새 땅 위로 흘러간다.

　과학이 세상을 지배하는 오늘날 창조론은 일찌감치 그 자리를 진화론에 넘겨 주었지만 에덴동산, 아담과 이브에 대한 이야기는 아직도 이어지고 있다.

　에덴동산은 인류의 안식처라는 점에서 매우 중요하다. 에덴동산을 연구하는 것 자체가 전 인류가 한 뿌리에서 갈라져 나왔다는 동질감을 반영하고 있기 때문이다. 이는 인간이 자신의 존재를 밝히기 우한 노력이다. 그 노력이 계속되는 한 에덴동산에 대한 연구도 지속될 것이며, 에덴동산 이야기 역시 대대로 이어질 것이다.

하느님은 진흙으로 사람을 만들어 아담이라는 이름을 주고 에덴에 살게 한 후, 그의 아내 이브를 창조했다. 하느님은 부부에게 선악과를 제외하고 에덴동산의 모든 열매를 먹어도 된다고 말했다. 그런데 하느님에 맞서는 악마가 뱀으로 변신하여 이브를 유혹해 선악과를 먹였으며, 이어서 이브는 아담에게도 선악과를 먹였다. 이 사실을 알고 분노한 하느님이 그들을 에덴동산 밖으로 내쫓았다.

아프리카

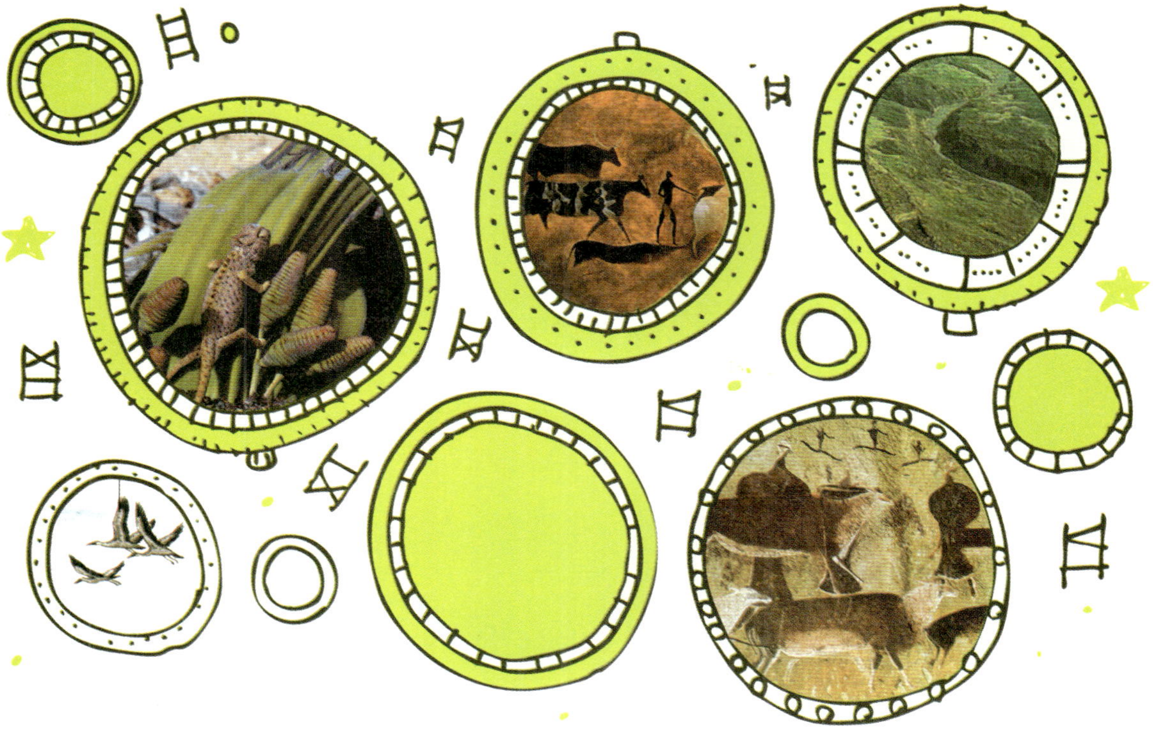

CHAPTER 01

사하라 사막은 원래 오아시스였다?

세계에서 가장 큰 사하라 사막이 예전에는 풍요로운 오아시스였다면 믿을 수 있을까?
나무가 무성하고 말이 뛰놀던 사하라 초원은 왜 사라진 걸까?

대서양에서 홍해까지, 북아프리카 전체를 횡단하는 사하라 사막은 동서 길이가 5,600km에 달하고 남북 길이는 약 1,700km로, 알제리와 모로코, 이집트 등 11개 국경을 가로지르는 세계 최대의 사막이다.

사하라 사막은 높낮이가 완만해서 보통 해발 250~500m 수준이다. 바람에 따라 이동하는 사구(모래가 한 곳에 쌓여 이룬 언덕)와 움직이지 않는 사구가 있으며, 어느 기간 나타났다 사라지는 하천도 분포한다. 이상건조기후에 의한 낮과 밤의 급격한 온도 변화로 식물뿐만 아니라 동물도 거의 살지 않는다.

아랍 어 '사흐라'(불모지라는 뜻)에서 유래된 사하라는 건조와 기아, 갈증, 죽음을 상징하는 말이 되었다. 그런 이곳이 아주 오래 전 오아시스였다는 사실을 믿을 사람이 몇이나 될까? 오아시스였던 사하라가 어째서 죽음의 사막으로 변할 것일까?

고대 바위그림에 아프리카 알제리 고원의 방목 모습이 그려져 있다. 이 그림은 생명력이 넘치던 사하라 사막의 과거를 보여 준다.

동굴에서 발견된 바위그림을 바탕으로 그 비밀을 파헤쳐 보자.

사하라 사막 중부에 자리 잡은 아하가르 산맥과 티베스티 산맥의 수많은 바위들은 거센 바람의 습격과 큰 일교차 때문에 침식되어 아슬아슬한 돌다리나 미궁 같은 석굴이 되었다. 처음에는 이 석굴에 아무도 주의를 기울이지 않았지만 고고학자들이 석굴 안에서 원시인의 암벽회화를 발견하면서 석굴들은 순식간에 세계의 관심사로 떠올랐다.

초기 바위그림은 벽에 그림을 새기는 방식이었지만 후기에는 황갈색 진흙으로 그림을 그린 방식이다. 당시 사람들의 생활 모습이 담긴 바위그림에는 말이 무척 많이 등장한다.

이를 본 고고학자들은 사하라 사막이 신석기시대 이전에는 대초원이었을 것으로 추측했다. 말이 이렇게 많이 살려면 물과 풀

사막 하면 보통 모래밭이 끝없이 펼쳐지는 장면을 떠올리지만 사막에도 종류가 다양하다. 돌이 많은 평원이나 산 지형에도 사막이 나타나며 한랭한 기후의 사막도 있다.

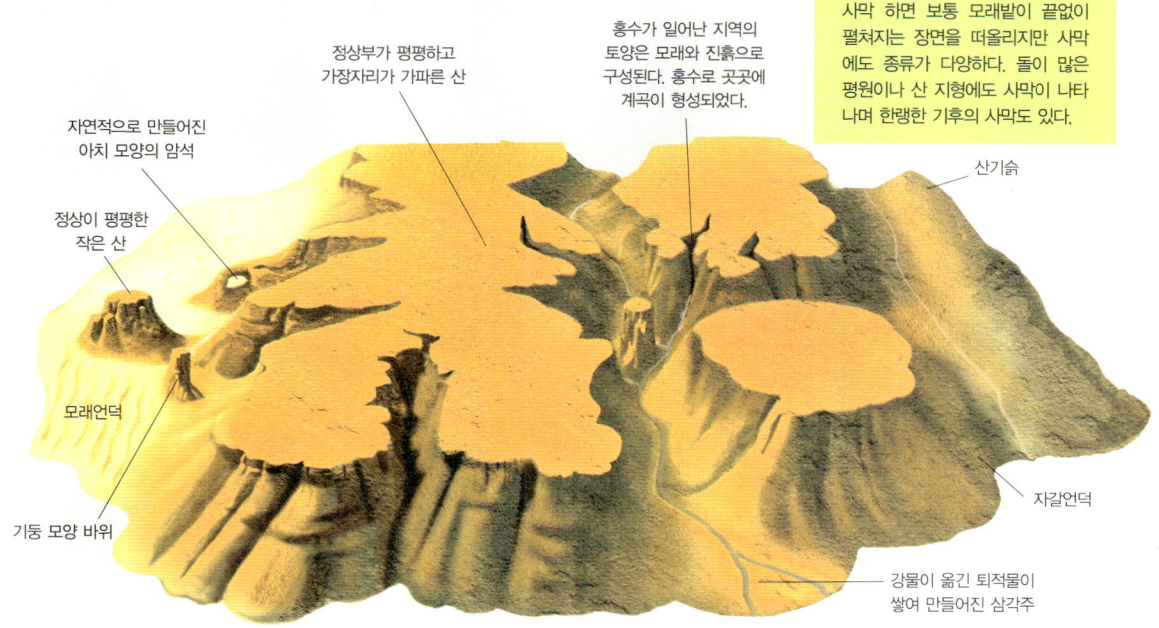

자연적으로 만들어진
아치 모양의 암석

정상이 평평한
작은 산

정상부가 평평하고
가장자리가 가파른 산

홍수가 일어난 지역의
토양은 모래와 진흙으로
구성된다. 홍수로 곳곳에
계곡이 형성되었다.

산기슭

모래언덕

기둥 모양 바위

자갈언덕

강물이 옮긴 퇴적물이
쌓여 만들어진 삼각주

사막 여행자들이 가장 고대하는 낙원, 오아시스의 풍경. 사하라 사막이라는 척박한 대자연을 지배하는 바람과 모래는 인간이 뿌리 내리는 것을 거부한다.

이 필수적이기 때문이다. 이 밖에 물소와 타조, 코끼리, 영양, 기린 등 다양한 동물이 매우 생생하게 묘사된 것을 봐도 그러했다.

학자들은 기원전 6,000년 전 사하라는 비가 많이 오고 기온이 높은 습윤 지역이었으며, 타실리나제르 고원을 기점으로 남쪽으로 키토 호반, 북쪽으로는 튀니지 지역까지 비옥한 토지와 풍부한 수자원을 갖춘 곳이었으리라 생각했다. 우기가 되면 고원의 연못에 물이 고여 각종 동·식물이 번식하고 사하라 지역의 문화도 발전했을 것이다.

바위그림을 깊이 연구하는 동안 낙타가 그려진 바위그림도 발견되었다. 이것을 방사성 탄소 연대측정법으로 조사한 결과 기원전 5,000~기원전 3,500년 사이 사하라에 수렵이나 유목생활을 하는 사람들이 살았다는 것이 확인되었다. 그 후 기후 변화와 여러 요인으로 사하라가 사막이 되자 기원전 400~기원전 300년을 전후해 서아시아에서 낙타가 들어온 것이다.

생태학자들은 이 지역의 자연조건이 워낙 열악해 오아시스가 사막으로 변한 것이라고 주장한다. 이 일대는 기후가 매우 건조하고 일조시간이 길며, 평균 온도가 30°C를 웃돌고 지표면 온도는 70°C에 달한다. 또한 건조하고 뜨거운 바람인 하르마탄이 불어와 모래를 일으키고 돌을 날리기 때문에 아무리 생명력 강한 식물이더라도 살아남을 방법이 없다.

그런데 오아시스가 사막이 된 가장 큰 원인은 인간 때문이라고 주장하는 학자들도 있다. 곡식을 기르고 가축을 키워 생활하던 당시 부를 늘리고 적을 물리치기 위해서는 우선 사람이 많아야 했다. 기하급수적으로 인구가 증가하자 무분별하게 경작지를 늘려 갔으며 결국 푸른 평야가 감당하지 못할 지경에 이르렀다.

토지와 식물, 동물, 사람으로 이어지는 생태계 중 1개의 고리라도 끊어지면 모든 것이 한순간에 무너지게 마련이다. 풍요로운 오아시스가 인간의 욕심 때문에 순식간에 사막으로 변해 버린 것이다.

사하라 사막의 변화는 인류에게 매우 중요한 교훈을 선사한다. 눈앞의 이익에만 급급해 자연을 함부로 파괴한다면 그것은 결국 생태계의 파괴와 함께 인류에게 해를 가져오게 된다. 인류의 발전은 결국 자연과 공존할 때만 가능하다는 얘기다.

: : 교과서 밖 토막 상식 : :

사하라 사막이 원래 초원이었다는 증거

2008년 8월 미국 시카고 대학교 발굴팀은 사하라 사막에서 동물과 사람 뼈 등이 묻힌 큰 유적지를 발굴했다고 발표했다. 특히 꽃더미 위에 누운 채로 묻힌 여성 시체 1구와 어린아이 시체 2구는 약 5,000년 전에 매장된 것으로 밝혀져 흥미를 일으킨다. 또한 완전히 다른 두 종족의 유골인 것으로 미루어 볼 때 1,000년 정도의 시차를 두고 두 종족이 이 지역에 정착했던 것으로 보인다. 이번 발견으로 지금은 그 무엇도 살지 못하는 죽음의 땅 사하라 사막이 아주 오래 전에는 푸른 초원이었음이 다시 한번 증명된 것이다.

CHAPTER 02

신비한 걸작,
사막의 바위그림

아프리카 사막 지대에서 발견된 수만 점의 바위그림을 누가 그렸는지에 대해 논란이 끊이지 않고 있다. 유럽 바위그림의 복제품이라는 주장과 아프리카 원주민의 순수 창작물이라는 주장 중 어느 것이 진실일까?

문명이 탄생한 곳 중 하나인 아프리카에는 선사시대의 정교하고 아름다운 바위그림이 알제리와 에티오피아, 이집트, 모잠비크, 케냐 등 10여 개 국가에 매우 광범위하게 분포되어 있다. 그중에서도 특히 사하라 사막에서 발견된 바위그림이 매우 유명하다.

거칠지만 소박한 바위그림은 붉은 암석을 갈아서 만든 염료와 물을 섞어서 재료로 사용했다. 이러한 염료가 화학변화를 통해

사하라 사막의 바위그림은 네 시기로 나뉜다. 최초로 바위그림을 그린 시기는 수렵시대로, 푸른 초원이었던 사하라의 모습이 담겨 있다. 시간이 조금 흐른 소의 시대에는 소를 방목해 키우는 들판을 표현했으며, 사막화가 시작되면서 말의 시대가 도래하자 기마족이 적을 추격하는 장면을 그려 넣었다. 이어 사막화가 빠르게 진행될 때는 말 대신 낙타 그림이 등장했다.

벽에 스며들면서 오랜 세월이 흘렀는데도 그림은 여전히 선명하고 아름다운 모습을 유지하고 있다. 이 그림들을 누가 언제 그린 걸까?

사하라 사막의 바위그림은 1850년 독일 탐험가가 우연히 발견했다. 타조와 물소를 비롯해 다양한 인물이 묘사된 그림이었지만 고고학 지식이 부족했던 그는 이 벽화에 별반 주의를 기울이지 않았다. 그로부터 23년 후, 본격적으로 이 벽화를 연구한 결과 이 그림들이 1만 년 전 인류의 생활 모습을 담고 있다는 사실이 밝혀졌다.

그 뒤 1956년 프랑스 고고학자 앙리 로트가 알제리 북동쪽 타실리나제르 고원에서 약 1만 점의 바위그림을 발견했다. 사하라 사막 한가운데 있는 이 고원은 길이 약 800km, 너비 50∼60km로서 협곡을 따라 다채로운 바위그림이 끝없이 이어졌다. 앙리 로트가 이끈 프랑스 탐험대는 이듬해 실제 크기의 바위그림 모사품과 사진을 가지고 파리로 돌아와 온 세상을 깜짝 놀라게 했다.

아프리카 원시부족의 생활과 사회상이 드러나 있는 이 바위그

인물 그림
바위그림에 등장하는 인물 중 일부는 머리에 둥근 투구를 쓰고 있다. 둥근 투구가 머리 전체를 감싸고 있고 몸에 걸친 복장과 투구가 하나로 이어진 모습이 현대 우주비행사들이 비행복을 갖춰 입은 모양새와 비슷하다.

사하라가 사막으로 변하면서 바위에 낙타 그림이 등장했다. 대부분 선으로 그린 기하학적 모양이다.

림들은 세계 원시문화 연구에 매우 귀중한 자료다. 그림을 살펴보면 당시 사람들이 전쟁과 사냥, 제사를 전후해 바위그림을 그리며 용기를 북돋운 것 같다. 생명력 넘쳐 보이는 바위그림들은 근면하고 용감하며, 낙관적이고 호방한 아프리카 민족의 특성을 잘 보여 주고 있다.

한편 사하라 사막에서는 신석기 시대 촌락의 유적지도 많이 발굴되었다. 그곳에서 발굴된 유물을 분석해 본 결과, 간석기와 도자기를 사용했으며 문화를 창조한 것으로 보인다. 또한 각종 야생동물이 뛰어노는 그림을 통해 사하라 사막이 이전에는 초목이 무성한 초원이었던 사실을 알 수 있다.

아프리카 바위그림에는 동물뿐 아니라 사람도 많이 등장한다. 손에 긴 창과 둥근 방패를 든 무사들이 전차를 타고 사납게 질주하거나 활을 들고 사슴과 물소를 쫓는 사람들의 모습이 매우 건장하고 용맹하게 느껴진다.

그 당시 경제적으로 가장 도움이 된 일이 사냥이 아니었을까? 그리고 전쟁 장면이 많은 것으로 보아 아예 직업이 무사인 사람도 있었을 것으로 보인다.

이 밖에 작은 모자를 쓰고 허리띠를 맨 사람들이 악기를 두드리거나 물건을 바치는 모습의 그림은 신에게 제사를 지내는 장면일 것이다. 그중 머리가 크고 둥글고 무척 크고 무거워 보이는 옷을 입고 있는 사람이 유난히 눈에 띈다. 표정도 멍하고 얼굴에 두 눈만 보이는 이 사람은 과연 누구일까?

이 그림을 발견한 사람들은 생전 처음 보는 복장에 고개를 갸우뚱했는데 시간이 흘러 인류가 우주선을 만든 후에야 이 그림이 나타내는 것을 알 수 있었다. 바로 우주비행사들이 우주복을 입은 모습과 깜짝 놀랄 만큼 비슷했던 것이다. 그 때문에 이 그림을 외계인이 그렸을 것이라는 주장도 있지만 아직 명확하게 밝혀지지는 않았다.

다만, 아프리카의 바위그림을 그린 사람에 관해서는 원주민인 부시먼의 작품이라는 주장이 가장 많다. 부시먼 문화의 중심지가 바로 사하타 지역으로, 이곳에서부터 북쪽 타실리와 중부 및

사하라 사막의 바위그림을 가장 많이 볼 수 있는 곳은 타실리나제르 고원이다. 타실리는 아랍 어로 '강이 흐르는 평원'이라는 뜻이다. 그러나 이제 강물은 모두 말라 버리고 고원에 남은 선사시대 때의 바위그림만이 사막이 되기 전 푸른 사하라의 모습을 증명하고 있다.

소떼의 방목 현장
목축업을 기반으로 한 생활양식이
잘 묘사되어 있다.

남부, 동쪽 이집트로 바위그림이 전해졌기 때문
이다.

그러나 일부 유럽학자들은 아프리카의 바위그
림이 외래문화의 영향으로 탄생한 것이라고 주
장한다. 개중에는 아예 유럽 선사시대 바위그림
의 복제품이라고 내세우는 사람도 있다. 유럽에
살던 네안데르탈 인과 크로마뇽 인이 각각 기원전 5만 년과 기원
전 4만 6,000년에 아프리카로 이주해 유럽의 바위그림을 아프리
카에 소개했다는 것이다.

그 유력한 증거로 바위그림에 투시법이 많이 사용되었지만 정
작 부시먼은 이런 회화 기법을 알지 못한다는 점과 스페인 동부
와 북아프리카, 사하라 사막, 이집트에 널리 퍼진 바위그림이 서
로 비슷하다는 점을 내세운다.

한편 아주 오래 전 지중해 사람들이 표류하다 희망봉에 이르렀
다고 추측하는 고고학자도 있다. 그들은 생명력 넘치는 사하라
초원에 매료된 나머지 이곳에 정착해 최초의 사냥꾼이자 수렵 예
술가가 되었다는 주장이다.

하지만 위의 주장들은 모두 일부 학자들의 주관적인 억측일 뿐
아무도 이렇다 할 근거를 제시하지 못했으며, 그 주장에는 인종
에 대한 편견까지 담겨 있어 설득력이 떨어진다.

부시먼이 투시법을 모른다고 그들의 조상이 바위그림을 그렸
을 리 없다는 주장도 황당한 면이 있다. 후대가 모르는 사실을
선대 역시 몰랐다고 잘라 말할 수는 없는 일이다. 이런 기교는

극소수 사람만이 지닌 재능으로, 매우 은밀하게 전수되었기 때문에 부시먼이 조상의 바위그림에 나타난 기법을 이해하지 못했을 수도 있다. 더구나 세월의 풍파 속에 바위그림이 희미해져 그 기법을 알아보기가 더욱 어려웠을지도 모른다.

악어 어미와 새끼를 그린 바위그림

아울러 많은 전문가들은 바위그림에서 아프리카 부족의 특징이 잘 드러난다면서 유럽인 창조설을 반박하고 있다. 아프리카 사람들은 일반적으로 엉덩이가 위로 올라가 있는데 유럽의 바위그림에서는 이런 모습을 찾아볼 수 없기 때문이다.

바위그림이 아프리카 본토의 예술인지 아니면 외부 문화의 복제품인지 밝히는 것은 쉬운 일이 아니다. 어떤 이들은 예술에 민족적 범주를 매기는 시도 자체가 아예 무의미하다고 주장한다. 다른 지역의 예술품과 마찬가지로 아프리카 바위그림 역시 여러 민족의 원시종교와 예술이 혼합되어 있기 때문이다.

영양의 모습은 정확하게 묘사한 데 반해 사람은 과장되고 추상적으로 그린 모습이 전체적으로 리듬감이 넘친다.

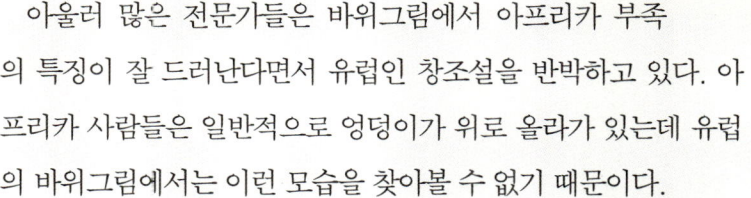

CHAPTER 03

동아프리카 대지구대가 바다가 된다고?

땅이 아주 넓고 깊게 푹 꺼진 동아프리카 대지구대는 지금 이 순간에도 조금씩 갈라지고 있다.
지질학자들은 이렇게 계속 가다가는 결국 동아프리카 대지구대는 바다가 될 것이라고 추측한다.

북쪽 시리아에서 남쪽 모잠비크까지 동아프리카 20개 나라를 거치며 지구 둘레의 약 6분에 1에 해당하는 7,000km 길이에 거대한 균열이 나 있다. 바로 동아프리카 대지구대(리프트 밸리)다. 이 거대한 열곡(2개의 평행한 단층 절벽으로 둘러싸인 좁고 긴 골짜기)은 수십km의 넓이에, 주위 고원에서 골짜기 밑바닥까지 높이가 450~800m에 이른다.

어마어마한 규모로 푹 꺼진 열곡에 대해 어떤 이는 '지구 표피에 난 엄청난 상처'라고 표현했다. 이 커다란 상처가 생긴 원인에 앞서 지형부터 살펴보자.

동아프리카 대지구대의 지리를 보면 에티오피아에서 동대東帶와 서대로 균열이 두 갈래로 나뉘어 계속되다 탄자니아와 우간다 변경의 빅토리아 호에 이르러서야 하나로 합쳐진다. 이 지구대 상에 바이칼 호 다음으로 세계에서 두 번째로 깊은 탕가니카 호(수심 1,430m)가 있다.

동아프리카 대지구대는 시리아에서 시작하여 요르단 협곡과

에티오피아 고원 중부를 지나는 동아프리카 대지구대. 지구대 부근은 지각운동이 매우 활발해서 화산이 많고 지진이 자주 발생한다.

사해를 만들었다. 사해의 수면은 해수면보다 395m 낮은 지표상의 최저점이다. 사해는 기온이 매우 높고 수분이 빠르게 증발해서 염분이 바닷물의 다섯 배나 되므로 수영을 못하는 사람도 가뿐히 물에 뜰 수 있다. 아마 튜브 없이도 바다에 누워 책을 읽는 사람의 사진을 많이 보았을 것이다.

동아프리카 대지구대를 기점으로 약 800km 지점, 바닷물이 스며드는 입구는 아카바 만과 홍해를 따라 이어져 에티오피아의 드넓은 다나킬 평원에 이르러서야 아프리카 대륙으로 방향을 튼다. 한때 사해와 같은 염도의 바닷물에 침수되기도 했던 다나킬 평원은 해수면보다 150m나 낮은 저지대로 약 1,200km²가 소금으로 덮여 있다.

동아프리카 대지구대를 따라 형성된 탕가니카 호, 말라위 호, 빅토리아 호 등은 사방이 건조한 사막지대로 둘러싸여 있는 이곳에서는 다른 지역에서는 찾아볼 수 없는 수백 종의 물고기가 살고 있다. 서쪽 대지가 융기하면서 여러 개의 물길이 끊기거나 합쳐져 호수가 탄생한 이후 바닷물이 범람할 때 휩쓸려온 바다 생물이 다시 빠져나가지 못한 채 이곳에 살고 있는 것이다.

　동아프리카 대지구대는 마그마가 부글거리며 솟아오르는 화산활동의 중심지이기도 하다. 아프리카 대륙의 최고봉이자 세계 최대·최고의 휴화산인 킬리만자로 산과 케냐 산 역시 동아프리

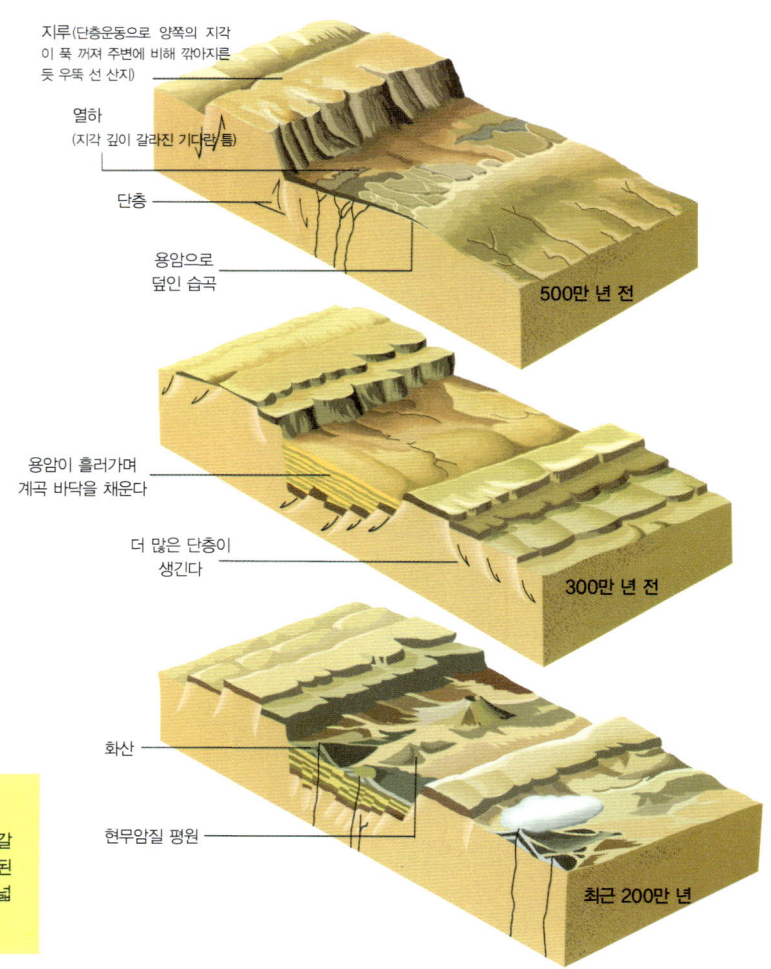

지루(단층운동으로 양쪽의 지각이 푹 꺼져 주변에 비해 깎아지른 듯 우뚝 선 산지)

열하 (지각 깊이 갈라진 기다란 틈)

단층

용암으로 덮인 습곡

500만 년 전

용암이 흘러가며 계곡 바닥을 채운다

더 많은 단층이 생긴다

300만 년 전

화산

현무암질 평원

최근 200만 년

카 대지구대에 속해 있는 화산들이다.

이 밖에 탄자니아 북쪽에 있는 사화산 응고롱고로 산은 세계에서 가장 크고 보존이 잘 된 칼데라(화산의 분화구 주변이 붕괴되어 원형으로 푹 꺼진 곳)로서, 각종 야생동물이 서식해 세계문화유산 지역으로 지정되었다. 세계자연유산으로 지정된 서쪽 세렝게티 국립공원은 응고롱고로 산보다 100배가 넘는 동물이 서식할 만큼 크지만 이곳에서 생활하는 300만여 마리의 동물들은 우기가 끝나는 6월이면 수초가 있는 지역으로 이동해야 하므로 응고롱고로 산이야말로 야생동물의 천국이다.

그렇다면 동아프리카 대지구대는 어떻게 형성된 것일까?

1893년 5주 동안 대지구대를 답사한 미국의 지리학자 요한 조지는 동아프리카 대지구대가 물의 침식작용으로 이루어진 것이 아니라, 지각이 가라앉으면서 양쪽에 절벽을 이룬 凹자형 계곡이 만들어진 것이라고 주장했다.

한편 대륙이동설과 판구조론 옹호론자들은 아프리카 대륙과 아라비아 반도가 갈라지면서 땅이 갈라진 것이라고 주장한다. 그들은 케냐 지구대 중심부에서 멀어질수록 양 단층과 화산암의 생성 연대가 오래된 현상에 주목, 이곳이 대륙 확장의 중심지임을 확신한다고 말했다.

2003년 1월, 미국과 유럽, 에티오피아의 과학자 72명은 에티오피아 각 지점에 도착하여 아프리카 역사상 최대의 지진 탐사 활동을 벌였다. 조사를 마친 과학자들은 화산 활동이 자주 발생하는 동아프리카 대지구대는 상처가 점차 더 벌어져 결국 바다가 될 것이라는 의견을 내놓았다.

그러나 판구조론에 반대하는 사람들은 이들의 주장을 사람들의 이목을 끌기 위한 쇼에 불과할 뿐 대륙과 대양의 위치는 큰 변화가 없다고 말한다.

이들은 동아프리카 대지구대가 바다가 되리라는 예측에는 동의하지만, 이는 대륙의 이동 때문이 아니라 상하 수직으로 움직이는 지각활동에 의한 것으로, 융기하면 높은 산이 되고 침강하면 바다가 된다는 것이다. 결론적으로 동아프리카 대지구대가 앞으로 어떻게 변할지 현재로서는 어느 누구도 확신할 수 없는 상황이다.

조륙운동과 지질구조

조륙운동 : 지각이 상하 방향으로 움직이는 것
- 융기 : 땅덩어리가 주변보다 높아지는 운동
- 침강 : 땅이 주변보다 가라앉는 운동

지질구조 : 어떤 지역의 지질 특성과 구조
- 습곡 : 수평으로 퇴적된 지층이 횡압력을 받아 휘고 주름진 구조
- 단층 : 지층의 양쪽에 끌어당기거나 미는 힘이 작용해 지층이 끊어져 어긋나는 것
- 정합 : 지층이 연속적으로 쌓였을 때 위아래 지층의 관계
- 부정합 : 지층이 연속적으로 쌓이지 않고 중단되었다가 나중에 그 위에 새로운 지층이 생겼을 때 위아래 지층의 관계. 지층이 습곡이나 융기로 해수면 위로 솟았다가 침식된 후 다시 해수면 아래로 침강하면서 그 위에 새로운 지층이 쌓일 때 부정합이 만들어진다.

CHAPTER 04

해골해안의 비밀

유명한 〈포브스〉에서 여행전문가들이 선정한 '2008년 10대 놀라운 경치'에 선정된 해골해안.
세계에서 유일하게 사막과 바다가 연결되는 이곳은 난파된 배의 파편과 해골이 떠밀려 와
공포심을 자아내면서부터 이런 이름이 붙여졌다.
이런 황량한 자연환경이 만들어진 특별한 이유가 무엇인지 탐색해 보자.

세계에서 가장 오래되고 가장 건조한
나미브 사막은 아프리카 앙골라와 나미비아 국경에서 시작하여
오렌지 강까지, 아프리카 서남쪽 대서양 연안을 따라 1,600km
가량 이어진다. 나미브 사막은 쿠이세브 강을 경계로 두 부분으
로 나뉘는데 남쪽에는 모래언덕이 끝없이 이어지고 북쪽은 바위
가 많은 자갈 평원이다.

　나미브 사막 서쪽 끝으로 가면 세계에서 유일하게 사막과 바
다(대서양)가 연결된 해안이 있다. 이름도 무시무시한 해골해안
이다. 8,000만 년 동안 15년에 한 번씩 쿠이세브 강이 모든 모래
를 대서양 해안으로 쓸어 버리면 서남 방향에서 밀려온 파도가
모래를 다시 해안으로 밀어 올리고 차갑고 건조한 바람이 끊임
없이 불어와 커다란 모래언덕을 만든 것이다.

　이런 자연환경이 만들어지기까지는 건조한 기후도 한몫했다.
해안의 연간 강우량은 25mm가 채 되지 않으며, 밤에 형성되는
이슬과 10일 간격으로 끼는 안개로 습도가 유지되는 수준이다.

나미브 사막에는 웰위치아라는 세계적으로 진귀한 식물이 살고 있다. 2,000년이나 사는 웰위치아는 허리띠 모양의 잎으로 수분을 흡수하며 3m 정도 자란다.

이런 까닭에 모래밭이 해안에서 짧게 형성된 게 아니라 끝없이 이어질 수 있었다.

그런데 남극 한류와 대서양 난류가 만난 이곳의 바다는 파도가 매우 거칠다. 강력한 해풍과 빈번히 발생하는 짙은 안개 때문에 수 세기 동안 수많은 선박이 이곳에서 사고를 당했다. 실제로 이곳 해안에는 많은 난파선 잔해가 어지러이 흩어져 있다.

설사 난파된 배에서 간신히 목숨을 건져 해안으로 밀려왔다 하더라도 끝없이 사막이 펼쳐지는 이 지역에서 살아남기란 결코 쉽지 않다. 그래서 스켈리턴 코스트Skeleton Coast, 즉 해골해안이란 이름이 붙은 것이다.

해골해안은 대서양에서 동북쪽으로 내륙의 모래자갈 평원까지 이어져 있다. 하늘에서 내려다보면 마치 주름진 금빛 모래언덕 같다. 오랫동안 바람을 맞은 해안의 암석은 요괴 같은 모습으로 변했다. 먼 바다에서 바람이 불어올 때면 모래언덕의 표면이 움푹 파이고 모래알갱이들이 심하게 마찰하면서 웅웅거리는 기이한 교향악을 연주한다. 마치 사고를 당한 선원과 아득한 모래 폭풍 속에 길을 잃은 모험가를 위한 연주곡 같다.

그런데 아이러니하게도 해골해안은 거친 바다 덕분에 외부 침략으로부터 무사할 수 있었다. 유럽의 제국주의 국가들이 자원이 풍부한 나미비아에 눈독을 들이고 침입했지만 해골해안만은 점령하지 못했다. 19세기 상륙을 시도한 독일의 배는 짙은 안개와 거센 파도에 방향을 잃어 난파되고 모든 선원이 목숨을 잃었다. 다른 나라의 선박들도 이곳에 정박하려다 높은 파도 때문에 암초에 부딪혀 침몰했다.

해골해안은 나미비아를 정복하려던 사람들 말고도 수많은 사람들의 목숨을 빼앗고 시체마저 감추는 것으로 유명하다. 1933년, 스위스 사람 노엘이 런던으로 비행하던 중 사고로 인해 해골해안 부근에 떨어졌다. 어느 기자가 언젠가는 그 시신을 해골해안에서 찾을 수 있을 거라 말했지만 지금까지도 그의 자취는 발견되지 않고 있다.

모래사장에 부딪히는 무시무시한 급류. 파도에 밀린 해골과 난파선 잔해들이 종종 모습을 드러냈다가 다시 모래에 묻히는 장면을 보면 가슴이 철렁 내려앉는다.

1942년, 영국 화물선은 쿠네네 강 남쪽 40km 지점에서 암초를 만나 침몰했지만 다행히 어린아이 셋을 포함한 21명의 승객과 42명의 선원이 모터보트를 타고 해안에 상륙했다. 구조를 위해 두 부대가 나미비아의 수도 빈트후크에서 출발하고, 비행기와 화물선도 출동했다.

그러나 해골해안은 이들도 곱게 보내지 않았다. 구조선 하나가 암초에 부딪히는 사고를 당하는 등 여러 어려움을 겪으며 4주가 지난 후에야 조난자들의 시신과 간신히 살아남은 사람들을 찾아 돌아올 수 있었다.

1943년에는 해골해안에서 머리가 없는 해골 12구가 나란히 누워 있는 것이 발견되었다. 거기서 멀지 않은 곳에 1860년에 누군가가 '구조 요청'을 적은 선판이 밀려와 있었다. 지금까지도 이 조난자들이 누구인지, 그들의 시신이 어떻게 해골해안에서 발견된 것인지는 밝혀지지 않고 있다.

유럽

3장

불덩이를 밟고 서 있는 아이슬란드

대서양 북쪽 끝, 빙하의 나라 아이슬란드가 부글부글 끓고 있다.
땅 속에서 화산활동이 끊임없이 계속되는 것!
어떻게 이처럼 추운 지방에서 뜨거운 온천과 용암이 흘러나오는지 땅 속 사정을 파헤쳐 보자.

'얼어붙은 육지' 라는 뜻의 아이슬란드는 유럽에서 두 번째로 큰 섬으로 그린란드와 영국 중간에 위치한다. 이 섬나라는 면적의 75%가 해발 400m 이상의 불모지이고 나머지는 저지대 평원이며, 면적의 13%는 눈과 얼음으로 덮여 있다. 특히 아이슬란드 남부의 고원 지방인 바트나이외쿠틀은 유럽에서 가장 큰 빙하로 규모가 엄청나다.

그런데 이곳은 세계적으로 화산활동이 가장 활발한 지역으로서, 거의 전 국토가 용암이 굳은 화성암으로 뒤덮여 있어 땅을 일굴 수 없을 지경이다. 그래서 아이슬란드를 방문하면 환상적인 경치에 마음이 사로잡히는 한편으로 죽음의 땅처럼 황량하고 괴이한 분위기가 느껴진다.

빙하, 만년설, 빙원과 함께 200여 개의 화산과 사막, 온천과 간헐천 등 정반대의 자연환경을 체험할 수 있는 아이슬란드.

오랫동안 홀로 자리를 지킨 아이슬란드에는 빙하와 언 땅, 화산과 용암으로 된 사막이 공존한다. 세계의 끝에 자리한 듯한 이 대지 위에 차가운 얼음과 뜨거운 불이라는 전혀 다른 풍경이 어울려 아름답고 기이한 장관을 연출한다.

유럽과 북아메리카 대륙 사이에 자리한 이 섬을 구성하는 것은 끝없는 얼음의 평야와 꿈틀대는 화산이다. 사진은 얼음과 화산이 만나는 지역을 담았다.

'불과 얼음의 나라'라는 별명에 딱 맞아 떨어진다.

아이슬란드의 땅은 현무암과 화산쇄설암(화산 분출물이 쌓여 굳으면서 이루어진 암석들)이 주를 이루고 그 위를 화강암이 덮고 있는 형태다. 아이슬란드는 오랫동안 화산 활동이 계속됐기 때문에 화석이 매우 적은 편이다. 그래서 지질의 연대를 암석에 포함된 방사성 동위원소로 추정하는 수밖에 없는데, 대부분의 암석이 6,000만 ~ 4,000만 전에 응고된 것이라고 한다.

200여 개의 화산 가운데 지금도 활동하는 활화산은 30여 곳이다. 기록에 따르면 지금까지 아이슬란드에서는 150여 차례 화산이 폭발했다. 대서양 중앙해령에 위치하는 이곳은 천발지진의 진원지이기도 하다. 18세기에는 화산이 어찌나 많이 폭발했는지 국토 4분의 1이 파손되고 인구의 20%가 사망했을 뿐만 아니라 화산재 때문에 오랜 기간 태양빛을 볼 수 없을 정도였다.

아이슬란드에서 가장 유명한 화산인 헤클라 산은 1104년부터 1970년까지 10여 회나 분화했다. 특히 1947년부터 이듬해까지 계속된 분화는 폭발력이 엄청나서 그 지역의 하늘이 온통 어둡게 변하고 화산재와 화산 부스러기가 아이슬란드 동쪽으로 1,852km 밖의 스칸디나비아 반도까지 날아갔다. 1년이 넘도록 흘러넘친 용암은 쌓여서 137m 높이의 원뿔형 화산추를 이루었다. 게다가 폭발이 멈춘 1949년 봄에는 두터운 화산가스가 산기슭을 타고 흘러내려 계곡에서 방목 중이던 수많은 가축이 죽고 말았다.

아이슬란드 남쪽 앞바다에 있는 베스트만나에이야르 제도는 1만 년 전 화산이 폭발하면서 북대서양 해저가 융기해 만들어졌다. 베스트만나에이야르 제도의 14개 섬 중에 가장 큰 헤이마에이 섬은 그 뜻 그대로 사람이 사는 유일한 섬이다.

그러나 헤이마에이 섬에 있는 두 활화산은 언제든지 분화할 위험이 있다. 언젠가 얼음층 아래 묻혀 있는 화산이 깨어나는 날엔 얼음 덮개를 열어젖히고 얼음을 뿜어 올리는 특이한 형태의 분수를 보여 줄 것이다.

1973년에는 화산이 갑자기 폭발해서 사방에 용암이 넘쳐흐르고, 화산재가 섬의 3분의 1을 뒤덮어 모든 주민이 대피하는 소동이 벌어졌다.

그러나 지금은 아름다운 경관과 특이한 화산 지형으로 유명해져 수많은 사람이 찾는 관광명소가 되었다. 헤이마에이 섬 주민들은 언제 터질지 모르는 화산 때문에 두려움에 떠는 게 아니라 평소 활화산의 무시무시한 위력을 잊은 듯 즐겁게 생활한다.

화산으로 인한 피해를 줄이기 위해 많은 과학자들이 아이슬란드를 주의 깊게 관찰하고 있다. 실제로 적외선 감지기를 이용하여 기온이 상승하는 지역을 다섯 곳이나 찾아내 사전에 화산이 폭발할 가능성을 예측해 대비책을 미리 강구하기도 했다.

화성암이란?

화성암 : 마그마가 지표면이나 지표면 근처에서 식어 굳은 암석이다. 암석 속에 들어 있는 광물의 종류에 따라 색이 결정된다. 화성암 속에 흑운모나 각섬석, 감람석, 휘석 등이 많이 들어 있으면 색이 어두운 반면, 장석이나 석영이 많으면 색이 밝다.

화성암의 종류 : 생성된 장소에 따라 화산암과 심성암으로 구분한다.
- 화산암 : 마그마가 지표면이나 얕은 지하에서 빨리 식어 굳은 화성암이다. 광물 알갱이의 크기가 매우 작아 눈으로 볼 수 없는 것도 있으며, 현무암과 유문암이 있다.
- 심성암 : 마그마가 지하 깊은 곳에서 서서히 식으며 굳은 화성암을 말한다. 광물 알갱이가 매우 크며, 반려암과 화강암이 여기에 속한다.

CHAPTER 02

보리밭의 미스터리 서클

영국, 러시아, 미국 등 세계 각국의 곡물밭에서 목격되는 미스터리 서클!
사람의 장난일까, 외계인의 메시지일까, 자연이 만든 기적일까?
말 많은 미스터리 서클의 세계로 들어가 보자.

1970년대 말, 영국 윌트셔 주의 한 농부가 다 여문 옥수수와 보리를 수확하던 중 농작물이 한 방향으로 쓰러져 있는 것을 발견했다. 높은 곳에 올라가자 규칙적으로 대칭을 이루는 원의 형상이 한눈에 들어왔다. 그것은 바로 미스터리 서클이라고 알려진 크롭 서클Crop Circle이었다.

과학자들은 처음에 크롭 즉, 농작물 위에 나타난 이 형상을 작은 회오리바람이 만든 우연한 결과물이라 추측했지만 곧이어 삼각형 등 기하학적 형태의 크롭 서클이 발견되면서 이런 주장은 설득력을 잃었다. 회오리바람은 둥근 모양밖에 만들 수 없기 때문이었다.

사실 이 지역에선 옛날부터 외계인이 나타나 농작물을 자른다는 이야기가 떠돌았다. 그런데 마침 크롭 서클이 발견됐다는 소식이 언론에 보도되자 이를 구경하려는 사람들의 발길이 줄을 이었고, 농장주들은 망쳐 버린 농작물을 대신해 입장료를 두둑하게 챙길 수 있었다.

이 일이 일어난 뒤 매년 세계 각지의 보리밭에 더욱 복잡한 도안의 크롭 서클이 연이어 나타나기 시작했다.

2000년 6월 24일에는 러시아의 한 방송국이 러시아 남부 스타브로폴 지역의 보리밭에 나타난 크롭 서클을 방송에 내보냈다. 규칙적으로 대칭을 이룬 4개의 원은 누군가가 농작물을 시계 방향으로 깎아 만든 듯했다. 원 가운데 가장 큰 것은 지름이 20m, 나머지 3개는 3~5m이고, 가장 큰 원의 중심에는 20cm 깊이의 구멍이 매끄럽게 파여 있었다.

이 밭의 주인은 스타브로폴 지역 안보부에 이 사실을 보고하면서, 대체 어떤 부랑자들이 농작물을 망쳐 놓았는지 조사해 달라고 부탁했다. 그러나 현장에서 화학 물질이나 방사능의 흔적이 전혀 검출되지 않아, 안보부는 인력으로는 도저히 불가능한 일이라고 결론 내릴 수밖에 없었다.

그러자 외계인이 비행선을 이·착륙시킬 때 만들어진 흔적이라는 추측이 나돌기 시작했다. 실제로 이 지역의 여러 주민이 UFO가 착륙하는 것을 목격했다고 주장했는데, 착륙 후 다시 이륙할 때까지 몇 초밖에 걸리지 않았다는 증언도 덧붙였다.

그렇다면 외계인이 땅에 구멍을 만든 이유는 무엇일까? 러시아 방송에서는 외계인이 지구의 토양 표본을 채취한 것이 아닐까 하는 추측을 조심스럽게 내놓았다.

한편 2001년 8월 21일, 영국 햄프셔의 칠볼턴 전파망원경 부근의 보리밭에서는 크기가 200m나 되는 직사각형 안에 문자 같

영국 버크셔의 보리밭에 나타난 괴이한 도형은 외계인이 만든 것으로 알려졌지만, 도형이 의미하는 바가 무엇인지는 아직도 밝혀지지 않았다.

은 도안이 그려진 크롭 서클이 발견되었다. 그 안에는 외계인의 형상도 포함되어 있었다.

더 놀라운 사실은 이 크롭 서클이 1974년 11월 16일 푸에르토리코의 아레시보 천문대에서 지름이 305m나 되는, 세계 최대의 전파망원경을 통해 M13 성운으로 쏘아올린 메시지의 답신 형태였다는 점이다.

아레시보 천문대에서 방출한 메시지는 외계에 있을지 모르는 고등 생명체를 위해 지구와 인간에 관한 정보를 0과 1로 단순하게 표현한 것이었다. 그런데 지구가 보낸 이 메시지를 일부 수정, 타 행성의 정보로 추측되는 새로운 값을 대입한 것이 바로 아레시보의 크롭 서클이 나타내는 바였다. 게다가 답신을 받으려면 5만 년이 걸릴 것이라는 당초 예측과는 달리 27년 만에 응답이 도착한 점도 주목할 만했다.

크롭 서클은 미국에서도 나타났다. 2002년 어느 날, 한 농부가 대두 밭에서 잡초를 뽑고 있을 때였다. 갑자기 대두 싹들이 날개라도 돋은 듯 날아오르더니 감쪽같이 사라지고, 아예 농작물을 심은 적이 없는 것처럼 대지가 말끔해졌다. 넋이 나간 채 우두커니 서 있던 농부는 작물이 사라진 밭에 특정한 형태의 도형이 만들어졌음을 깨달았다. 도형은 한 원을 또 다른 원 5개가 둘러싸고 가장 바깥 원 밖으로 거대한 갈고리가 뻗어 나온 모양으로, 영국에서 발견된 크롭 서클과 상당히 유사했다.

크롭 서클은 과연 누가, 왜 만든 것일까? 현재로서는 대자연의 작품이라는 설과 외계인이 만들었다는 가설이 팽팽하게 맞서 있는 상태다.

대자연의 작품설을 지지하는 부류는 대부분 고고학자와 기상학자, 물리학자, 지질학자, 동물학자, 농학자 등이다.

일부 고고학자들은 크롭 서클이 나타난 땅 밑에 석기시대 건축물이 매장되어 있거나 청동기시대 유물이 원형으로 분포되어 있을 것이라그 추측한다. 지하에 묻힌 건축물과 유물이 지반에 영향을 미쳐 농작물이 쓰러진 것이라는 주장이다.

기상학자들은 작은 회오리바람 때문에 먼지와 공기가 마찰하면서 크롭 서클이 형성됐다고 본다. 한편 일부 지질학자들은 둥근 공 모양의 번개와 플라스마의 소용돌이가 크롭 서클을 만들며, 태양의 흑점이 이 현상에 영향을 미친다고 설명한다.

현재 전 세계적으로 매년 250여 개의 크롭 서클이 나타나는데, 그중에서도 영국 남부에 집중적으로 출몰한다.

지구에서 방출되는 방사선 때문에 식물이 쓰러지고 동물과 사람이 병에 걸린다고 주장하는 사람도 있다. 그런가 하면 동물학자들은 동물이 발정하는 5~7월, 수컷이 암컷을 감싼 채 원을 그릴 때 이처럼 정형화된 동그라미가 나타날 수 있다고 말한다. 농장에 서식하는 동물, 예를 들어 고슴도치와 조류들이 이와 유사한 행태를 보인다는 것이다.

농학자들은 토양 성분이 달라서 일부 식물이 곰팡이균에 감염되거나 비료를 균일하게 살포하지 않아 농작물이 특이한 형상으로 쓰러진다는 가설을 내놓았다. 그러나 이 모든 가설은 그저 추측에 불과할 뿐이다.

또 하나의 공공연한 가설은 외계인의 비행접시가 이들 밭에 착륙 또는 이륙하면서 강한 기류를 발생하여 독특한 형태의 흔적이 남았다는 주장이다.

이처럼 다양한 견해를 두고 논쟁이 계속되는 가운데 1990년 프랑스 청년 여덟 명이 크롭 서클은 대자연의 창작물이 아니라 사람들의 장난이라는 주장을 내놓았다. 그해 여름, 이 프랑스 청년들은 영국 보리밭에 나타난 기이한 현상의 진상을 파헤치기로 결정하고 크롭 서클이 여러 차례 나타난 보리밭 부근 언덕에 적외선 촬영기를 설치했다.

7월 24일, 보리밭에서 10개의 괴이한 원과 함께 3개의 직선을 발견한 그들은 녹화테이프를 확인한 결과 희미한 그림자를 발견했다. 다음 날의 녹화테이프에도 비슷한 형체가 포착됐다. 분석 결과 카메라에 잡힌 형체로부터 사람의 몸에서 발산되는 열을 감지할 수 있었다.

1991년 9월에는 자신들이 크롭 서클을 만든 장본인이라고 주장하는 이들이 나타났다. 이 두 남자는 스프링과 목판 2개, 야구 방망이로 만든 기구로 크롭 서클을 그렸다고 설명했다.

매트 리들리라는 영국인 역시 자신이 친구들과 함께 긴 못을 보리밭에 세워 두고 줄을 묶은 다음 컴퍼스를 돌리듯 보리밭을 한 바퀴 빙 돌려 크롭 서클을 만들었다고 주장했다.

크롭 서클은 정말 누군가의 장난에 불과한 걸까? 물론 현재 크롭 서클을 전문으로 제작하는 사람도 있지만 미스터리가 완전히 풀린 것은 아니다. 자신이 크롭 서클을 만들었다고 직접 나선 사람 외에 지금까지 아무도 범인을 잡지 못한데다 일부 크롭 서클은 사람이 만들었다고 보기에는 여전히 설명할 수 없는 부분들이 남아 있기 때문이다.

지금도 전 세계 각지에서는 신비한 크롭 서클이 계속해서 발견되고 있다. 그 어떤 가설이 100% 증명되기 전까지 크롭 서클은 한동안 수많은 추측과 소문을 낳으며 미스터리로 남아 있을 듯하다.

크롭 서클의 진위 논란

영국을 중심으로 세계에는 많은 크롭 서클 예술가가 활동하고 있다. 그중에서 가장 유명한 사람은 존 런드버그로, 인터넷 홈페이지를 통해 크롭 서클을 만드는 방법을 공개하고 기업의 홍보용으로 이를 제작하기도 한다.

하지만 일부 크롭 서클은 사람이 만들었다고 보기에는 석연찮은 점이 존재한다. 우선 풀이 꺾인 부위에 둥그런 마디가 맺혀 자연적으로 휜 점이다. 인위적으로 꺾은 풀은 자라지 않지만 마디가 맺힌 풀은 휜 채로 자라난다. 또한 일부에서는 고주파에 노출된 흔적이 발견되었으며, 이러한 크롭 서클이 UFO가 자주 나타나는 지역에서 형성된다는 점도 의문이다. 이처럼 불가사의한 부분 때문에 크롭 서클이 외계인의 존재를 보여 주는 증거라는 주장에 많은 사람들이 매료되는 듯하다.

CHAPTER 03

바다로 통하는
4만 개의 계단

북아일랜드의 바닷가에는 바다로 향하는 계단이 있다.
질서정연하고 정밀한 정열 방식을 보면 도저히 자연이 만들었다고 볼 수 없는데…….
자이언츠 코즈웨이는 거인의 방축길이라는 뜻처럼 정말 거인이 만든 것일까?

북아일랜드 앤트림 주 해안에 가면

바다로 이어지는 수만 개의 육각형 돌기둥을 볼 수 있다. 높이가 6m 정도인 벌집모양 돌기둥들이 차곡차곡 쌓여 형성된 이 계단은 해안을 따라 대서양까지 270km나 이어진다.

수천만 년의 세월 동안 바다를 향해 질서정연하게 층을 이룬 이 신비한 돌기둥의 이름은 거인의 둑길을 뜻하는 자이언츠 코즈웨이_{Giant's Causeway}. 혹은 굴뚝 꼭대기라는 별명으로 불리기도 한다.

자이언츠 코즈웨이는 누가 만들었을까? 사람이 만든 걸까, 자연의 작품일까? 자연이 만들어 냈다고 보기 힘들 만큼 모양과 정열 방식이 매우 일정하

> 1,000만 년 동안 끊임없이 부딪치는 파도와 강한 바람, 수시로 변하는 기후가 돌기둥을 깎고 다듬어 독특한 형태의 해안을 형성했다.

현무암 돌기둥들이 빽빽하게 하늘을 향해 늘어섰다. 회색 기둥은 심하게 깎였으며 다른 돌기둥들은 검은색이나 짙은 남색을 띤다.

고 규칙적인 이 돌기둥의 형성과 관련해, 우선 아일랜드의 전설 두 가지를 소개한다.

옛날, 아일랜드에 핀 매쿨이라는 거인이 살고 있었다. 매쿨은 북아일랜드 앤트림에 있는 자기 집 문에서부터 적수인 스코틀랜드 핑갈이 사는 헤브리디스 제도까지 대서양을 가로지르는 길을 만들었다. 그런데 매쿨이 핑갈을 공격하기 전 교활한 핑갈이 먼저 아일랜드에 도착했다.

매쿨의 부인은 기지를 발휘해 곤히 잠든 매쿨이 자신의 아들이라고 거짓말했다. 그녀의 말을 들은 핑갈은 아들이 저렇게 크면 그 아버지는 얼마나 거대할까 하는 생각에 등골이 오싹했다. 그래서 황급히 해변으로 도망친 다음 자신이 지나온 길을 모두 부숴 버렸다.

또 다른 전설에도 매쿨이 등장하는데, 앞의 전설보다 훨씬 낭만적이다. 헤브리디스 제도의 스태파 섬에 사는 미녀와 사랑에 빠진 매쿨은 그녀의 발에 물 한 방울 묻히지 않고 앤트림으로 데리고 오기 위해 돌길을 만들었다. 이에 그가 만든 돌길에 자이언츠 코즈웨이라는 이름이 붙었다고 한다.

18세기에 이르러 자이언츠 코즈웨이의 형성 원인을 연구한 과학자들은 여러 가지 가설을 내놓았다. 일부 과학자들은 해수 내의 광물이 쌓여 자이언트 코즈웨이가 형성됐다고 주장했지만,

현대 지질학자들은 오히려 화산 활동의 결과물이라는 쪽에 무게를 두고 있다.

약 5,000만 년 전, 아일랜드 북부와 스코틀랜드 서부에서는 화산 활동이 활발했다. 화산구에서 뿜어져 나온 용암이 굳은 후 화산이 다시 폭발하여 또 다른 용암이 그 위를 뒤덮는 과정이 반복되면서 현무암이 층층이 쌓여 갔다. 그와 함께 가장 윗부분의 돌이 마름모형으로 갈라지자 그 틈으로 용암이 흘러내려 똑바로 선 기둥이 만들어졌다.

이렇게 기본 틀이 형태를 갖춘 후 약 1,000만 년 동안 바람과 파도에 의한 침식작용이 계속되면서 약한 부분은 떨어져나가고 지금처럼 다각형 돌기둥이 계단을 형성했다. 이 과정에서 산화를 거친 돌기둥이 붉은색에서 갈색으로 변했다가 마지막에 가서는 회색 또는 검은색을 띠게 된 것이다.

물론 이러한 추측도 아직까지는 가설에 불과하지만 앞으로도

자이언트 코즈웨이 주변 해안에는 만과 용암으로 형성된 곶이 있다. 곶 위에는 매끄러운 초록빛 크리솔라이트 올리빈 동굴이 있다.

계속적인 연구가 진행된다면 진짜 거인 즉, 자연의 실체를 마침내 증명해 낼 수 있을 것이다.

우리나라의 자이언츠 코즈웨이

　우리나라 제주도 서귀포시에 가면 자이언츠 코즈웨이와 같은 주상절리를 볼 수 있다. 해안을 따라 죽 늘어선 벌집 모양의 돌기둥과 절벽 위로 수십 미터 이상 파도가 솟구치는 모습은 특히 장관이다.

　절리란 암석에 외부의 힘이 가해져 생긴 금을 말하는데, 이때 암석 내부에 그 외의 움직임이나 상처 등이 남지 않아야 단층이 아닌 절리로 구분한다. 주상절리는 절리 가운데서도 단면의 형태가 육각형 내지 삼각형을 띤 긴 기둥 모양으로, 화산암 등에서 주로 생겨난다. 자이언트 코즈웨이는 물론, 제주도 해안에서 가까운 천지연 폭포도 주상절리에 해당한다.

CHAPTER 04

세상 밖 낙원,
아서 왕의 캐밀롯

용맹과 기사도의 상징, 아서 왕과 원탁의 기사!
그들이 모험을 펼쳤던 성 캐밀롯은 정말 존재하는 걸까?
각기 다른 곳을 캐밀롯으로 지목하는 고고학자들의 논쟁 속으로 들어가 보자.

캐밀롯 이야기는 아서 왕에서 시작해서 아서 왕으로 끝난다. 최초로 아서 왕을 언급한 문학작품은 10세기 웨일스의 시가였지만, 민간에 널리 퍼지기 시작한 시기는 12세기 무렵이다. 나중에 음유시인에게서 영감을 얻은 중세 프랑스 시인 크레티앵 드트루아는 아서 왕의 전기에 기사와 미인의 사랑 이야기와 더불어 성배를 찾아 떠나는 모험을 추가했다. 그리고 마지막으로 토머스 맬러리가 아서 왕 전설을 집대성했다.

그렇다면 아서 왕은 누구인가? 전해지는 이야기에 따르면 아서 왕은 6세기경의 전설적인 인물로, 영국 브리튼 섬의 왕과 공작부인의 불륜으로 태어나 마법사 멀린에게 맡겨진다. 출생의 비밀을 모른 채 성장한 아서는 바위에 꽂힌 마법의 검 엑스캘리버를 뽑은 후 멀린의 도움으로 왕이 되어 여러 나라를 평정한다. 이후 기니비어 공주와 결혼하고 원탁의 기사단과 함께 예수가 최후의 만찬에서 사용했다는 성배를 찾아 모험을 떠난다.

캐밀롯은 바로 아서 왕이 건설한 왕국의 수도로서 아서 왕이

원탁회의는 계급의 구분 없이 평등하게 회의하기 위해 원탁에 둘러앉는 방식으로, 아서 왕이 고안했다. 위 사진의 상수리나무 탁자는 아서 왕의 원탁으로 알려졌지만 이후 중세시대 것으로 밝혀졌다.

아서 왕의 죽음을 그린 그림

국정을 처리하거나 기사의 충성 서약을 받는 등 모든 이야기가 전개되는 기점이다. 크레티앵 드트루아는 캐밀롯을 야만에 항거하는 문명과 혼란 속의 질서와 평화를 상징하는 곳으로 그렸다. 아름다운 성과 울창한 숲으로 둘러싸인 캐밀롯을 떠나 모험에 나선 기사들은 용맹하고 낭만적인 이야기를 잔뜩 들고 그곳으로 돌아온다.

잦은 전쟁과 전염병이 수많은 사람의 목숨을 앗아간 중세시대, 괴로운 현실과 마주한 사람들은 아서 왕 이야기에 열광하며 아름답고 평화로운 캐밀롯을 이상향으로 삼았다. 심지어 캐밀롯을 직접 찾아 나서는 사람들이 있었다.

그런데 과연 캐밀롯은 실제로 존재하는 걸까? 아니, 그보다 먼저 아서 왕은 실존 인물일까? 아서 왕의 실체에 관한 여러 가설 중 하나는 5세기 로마가 브리튼 섬에서 퇴각한 후 대륙에서 침략한 색슨족에 맞서 싸운 브리튼의 지도자가 바로 아서 왕 전설의 모태가 되었다는 것이다. 그의 행적은 켈트족의 전설이 되어 잉글랜드 서부와 웨일스, 프랑스 브리타뉴 등 색슨족의 통제가 미치지 않는 지역에서 대대로 전해졌다.

한편 헨리 8세 시대, 캐밀롯의 유적을 추적한 골동품 수집가 존 릴랜드는 다음과 같은 기록을 남겼다.

"캐밀롯은 캐드베리 교회당의 남쪽에 위치하며, 원래 유명한 성 혹은……."

아서 왕이 통치하던 시절, 서머싯 남쪽에 있던 캐드베리 성은 영국에서 가장 큰 요새로서, 이곳을 기점으로 왕은 엄청난 자원을 소유하고 있었기 때문에 릴랜드는 캐드베리의 유적이 캐밀롯과 관련 있다고 생각했다.

20세기에 이르러 릴랜드의 주장을 뒷받침하는 증거가 나타났다. 1960년대 고고학자 레슬리 앨콕이 캐드베리 지역에서 철기시대의 요새와 신석기시대부터 기원후에 해당하는 유물을 발굴한 것이다. 캐드베리 성루는 기원전 1세기에 건설된 것으로, 43년 로마에 의해 파괴된 채 400년이나 방치되었다. 이후 5세기 말, 이 성을 보수했는데, 이때가 바로 전설 속의 아서 왕이 활약했던 시기다.

아서 왕이 잠들었다는 신비의 땅 아발론으로 추정되는 스코틀랜드 경계

캐드베리 외에 캐밀롯의 유력한 후보지는 아서 왕이 태어났다는 콘월의 틴타젤 성이다. 이곳 지하에서 발굴한 도자기 파편은 5~6세기에 사람이 거주했으며 교역이 활발했음을 보여 주지만 성 자체는 1145년에 건축되었기에 틴타젤이 캐밀롯일 가능성은 사실 희박하다.

아직까지도 캐밀롯의 위치는 비밀에 싸여 있다. 어쩌면 캐밀롯은 사람들이 꿈꾸는 이상향에 지나지 않을지도 모른다. 과연 아서 왕의 후예는 이 낙원을 찾을 수 있을까?

CHAPTER 05

원시인의 갤러리, 라스코 동굴벽화

선사시대의 사람들도 예술 활동을 즐겼을까?
라스코 동굴벽화를 바탕으로 원시인들이 동굴에 그림을 그린 이유와 방법을 알아보자.

1940년, 프랑스 도르도뉴 몽티냐크 마을에서 위대한 선사시대 예술 작품이 발굴되었다. 이 유명한 라스코 동굴벽화를 발견한 사람은 다름 아닌 근처에서 놀던 어린 소년들. 잃어버린 강아지를 찾던 중 선사시대 미술작품을 꼭꼭 숨긴 채 잠들어 있던 라스코 동굴의 입구를 찾아 낸 것이다.

라스코 동굴 속 원형동굴과 3~4개의 좁고 긴 동굴 벽에는 온통 소와 말, 사슴과 산양 등 동물을 비롯해 의미를 알 수 없는 동그란 점과 기하학적 도형이 그려져 있다. 유럽의 다른 동굴벽화에서는 수렵과 관련된 제사를 올리는 장면이 많이 등장하는 데 비해 라스코 동굴에서는 인간의 모습이 많지 않은 것이 특징이다. 또한 그림을 그릴 때 사용하던 목탄과 염료, 조각 도구도 고스란히 남아 있었다.

원시인들이 벽화를 어떤 목적으로 그렸는지는 아직까지 명확하게 밝혀지지 않은 상태이나, 다음과 같은 몇 가지 가설이 제기되고 있다. 첫째, 그 당시 생활상을 기록하기 위함이다. 둘째, 일

종의 취미활동으로, 예술활동을 통해 긴장을 풀고 기쁨을 느끼기 위해서다.

셋째, 자연에 대한 숭배 의식의 반영이다. 들소는 여성을, 말은 남성을 대표한다. 일반적으로 샤머니즘적인 원시예술에서 강조하는 바는 동물의 생명력으로, 동물을 그린 벽화에는 동물의 영혼이 사람들을 보호하고 사냥에서 더 많은 수확을 얻도록 도와 준다는 믿음이 담겨 있다.

라스코 동굴벽화
원시 예술가가 흙과 돌을 가루로 만든 다음 물에 갠 물감으로 사슴 떼가 질주하는 모습을 그려 넣었다.

넷째, 종교적인 목적을 담고 있다. 지금처럼 무기의 성능이 뛰어나지 않았던 시절, 왜소한 사람이 커다란 야수를 사냥하기란 무척 힘들었을 것이다. 이에 다른 힘을 빌릴 수밖에 없었던 사람들은 동굴벽화에 사냥이 성공하길 기원하는 마음을 담았다.

또 긴 창으로 야수를 찌르는 장면을 묘사한 그림은 젊은 사냥꾼들에게 어떤 부위가 동물의 급소인지 알려 주는 사냥 기술의 지침서가 되었을 것이다. 이 밖에도 벽화가 동물의 번성을 비는 의미를 지닌다는 가설도 존재한다.

과학자들은 방사성 탄소 연대측정법을 통해 이 벽화들의 제작 연대를 기원전 3만 년 전에서 기원전 1만 년 전 사이로 추정하였다. 당시 유럽인은 크로마뇽 인으로, 현생인류임에도 현대인보다는 왜소하고 주로 사냥과 채집 활동을 통해 먹고살았다.

동굴벽화를 보면 크로마뇽 인의 지능이 얼마나 높고, 예술적 감수성이 얼마나 풍부했는지 알 수 있다. 죽음을 앞둔 말의 배 안에서 또 다른 말이 튀어나오는 그림을 보면 동물에게도 영혼이 있다고 생각했음을 짐작할 수 있다. 또한 가족이 죽으면 무덤에 음식과

들소와 사람, 새
사실적인 동물의 모습과 유치한 인물상, 기괴한 기하학적 도형이 당시 원시인들이 자신과 주변 세계를 어떻게 인식했는지 보여 준다.

여러 도구를 넣은 것으로 미루어 내세를 믿었던 듯하다.

그런데 원시 예술가들은 어떻게 그림을 그렸을까? 원시시대 위대한 예술가들은 벽의 굴곡을 그대로 살려, 그리고자 하는 형상을 더욱 입체적이고 생동적으로 묘사하였다.

동굴에 남은 그림도구의 흔적으로 짐작하건대, 뾰족한 돌로 윤곽을 그린 후 채색하는 방식을 취한 것으로 보인다. 이때는 돌을 간 가루를 혼합해 여러 색을 만드는 지혜도 발휘했다. 예컨대 산화망간이 함유된 흙이나 목탄 등에서 검은색을 얻고, 철광석에서 갈색과 붉은색을 얻는 식이다.

이렇게 얻은 가루를 동물의 피나 식물의 즙, 동물지방과 혼합해 물감을 만든 후 손가락이나 가죽, 깃털로 만든 솔 등으로 색칠하거나 가운데가 빈 갈댓잎과 동물의 뼈로 물감을 불어 작품을 완성했다.

어떤 그림은 지금도 손으로 문지르면 색이 묻어난다. 그런데 어떻게 지금까지 이들 작품이 보존될 수 있었던 걸까? 동굴은 통풍이 잘 되고 온도와 습도가 일정하게 유지되어 물감이 쉽게 마르거나 떨어지지 않는다. 무엇보다 무너져 내린 돌더미로 동굴 입구가 완전히 막힌 덕분에 인류의 가장 오래된 예술품은 무려 100세기를 뛰어넘어 오늘날까지 빛을 발할 수 있었던 것이다.

그러나 라스코 동굴이 개방된 이후 수많은 관

기원전 약 2만 년에 그린 스페인 알타미라 동굴벽화
알타미라 동굴벽화는 1879년 5세 여자아이가 우연히 발견했다. 벽의 굴곡을 살리고 간결하게 색칠한 들소의 모습이 간결하면서도 매우 생동적이다.

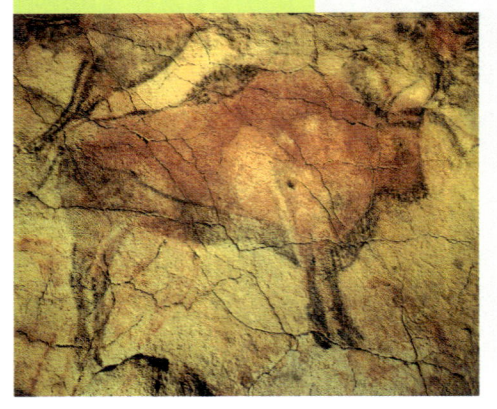

광객들이 땀과 열, 미생물을 유입시키고 전등까지 사용하면서 생겨난 곰팡이로 인해 이 세계적 유산은 과거 1만 5,000년 동안 훼손된 것보다 더 심각하게 변질되기 시작했다. 이에 프랑스 정부는 더 이상의 손상을 막기 위해 1963년, 라스코 동굴을 폐쇄했다.

: : 교과서 밖 토막 상식 : :

위기에 처한 세계 유산

곰팡이도 심하게 훼손된 라스코 동굴벽화를 지키기 위해 1963년 동굴 출입을 금지했지만 벽화를 덮은 곰팡이가 사라지지 않아 구석기시대 최고의 문화유산이 사라질 위험에 처했다. 이에 유네스코는 프랑스 당국이 제대로 관리하지 않는다면 라스코 동굴벽화를 '위기에 처한 세계유산' 명단에 올리겠다며 압박했다. 이는 프랑스가 세계의 문화유산을 제대로 보존할 능력이 없다고 전 세계에 선포하는 것과 마찬가지다.

2008년 10월 현재 유네스코가 위기에 처한 세계 유산으로 지정하고 특별 관리하는 곳은 모두 30군데. 그중 아프가니스탄 바미얀 계곡에 있는 두 석불(높이 38m, 55m)은 2001년 탈레반이 폭발물을 터뜨려 무참히 파괴되었다.

이후 2003년부터 국제사회의 협력 속에 세계적 레이저아티스트 야마가타 히로를 주축으로 사라진 석불을 레이저아트로 부활시키는 프로젝트가 진행 중이다. 바미안 석불이 있던 암벽의 맞은편에 레이저를 쏴서 두 불상의 모습을 재현하는 것이다. 이 프로젝트는 2009년 6월 완성될 예정이어서 많은 사람들이 큰 관심을 갖고 기대하고 있다.

CHAPTER 06

바이칼 호에는
왜 바다생물이 살고 있을까?

세계에서 가장 깊은 수심과 가장 많은 담수량을 자랑하는 러시아의 바이칼 호.
그 심연 속에서 담수생물과 공존하고 있는 놀라운 바다생물의 생태계로 들어가 보자.

러시아 시베리아 남동쪽에는 세계에서 가장 깊은(수심 1,742m) 호수인 바이칼 호가 있다. 바이칼이란 말은 부리야트 어(몽골 방언 가운데 하나)로 '자연' 을 의미하며, 그 원래 이름은 '천연의 바다' 를 뜻한다. 하늘에서 보노라면 폭이 좁고 길쭉한 모양새가 마치 험한 골짜기에 놓인 초승달 같다.

남북 길이가 636km이고 평균 너비가 48km에, 면적이 약 3만 1,500km²나 되는 바이칼 호는 세계 7대 호수에 꼽힌다. 전 세계에서 가장 깊고 저수량이 가장 많아 지구 전체 담수의 20%를 차지하고 있다. 이는 미국의 5대호 물을 모두 합한 양이다.

바이칼 호는 단층작용으로 지각이 갈라진 틈에 물이 고여 탄생했다. 2,000만 년 전 지진이 일어나 지각이 갈라지고 움푹 파이면서 거대한 분지가 생겨났다. 이후 세차게 흐르던 강물이 이 분지로 쏟아져 모이면서 호수를 이룬 것이다. 바이칼 호로 유입되는 330여 개의 강 가운데 다시 밖으로 흘러 나가는 것은 앙가라 강 하나뿐이라는 사실도 눈에 띈다.

바이칼 호는 타타르 어로 '풍요로운 호수'라는 뜻을 담고 있다. 그 모습이 마치 초승달 같아 '달의 호수'라고 부르기도 한다.

바이칼 호에 떠 있는 22개의 섬 중에서 가장 큰 알혼 섬은 면적이 약 730km²이다. 알혼 섬에 붙어 있는 거대한 부르칸 바위는 호숫물이 불어나면 마치 굴러가는 것처럼 보이는데, 주변 사람들이 모두 신성하게 여기는 바위이기도 하다. 이 바위에 얽힌 전설을 하나 살펴보자.

아주 오래 전 바이칼이라는 용사가 아리따운 딸 안젤라와 함께 호숫가에 살았다. 어느 날 갈매기가 날아와 안젤라에게 부지런하고 용감한 청년 예니세이가 그녀를 사랑한다는 말을 전했다. 이 이야기를 들은 안젤라는 무척 기뻐했지만 바이칼은 그들의 사랑을 허락하지 않았다.

안젤라는 할 수 없이 아버지가 잠든 틈에 집을 빠져나왔다. 뒤늦게 이 사실을 안 바이칼이 딸을 따라잡는 데 실패하자 거대한 돌로 딸의 앞길을 막으려 했지만 이미 늦은 후였다. 이때부터 거대한 돌이 호수에 남게 되었다고 한다.

바이칼 호는 러시아의 주요 어장이기도 하다. 1,080여 종의 식물과 1,550여 종의 동물 가운데 세계 다른 지역에서는 찾아볼 수 없는 고유종이 4분의 3이나 된다. 더욱 놀라운 것은 바이칼 호에 소라와 해면, 새우 같은 수많은 바다생물이 살고 있다는 사실이다.

보통 유럽의 호수에 사는 단각류(새우 모양의 갑각류)와 편충은 몇 종이 되지 않는다. 그러나 바이칼 호에는 단각류가 200여 종, 편충이 80여 종에 이른다.

또 바이칼 호 바닥에는 1～15m 높이로 자라는 해면이 숲을 이루고 있는 것은 물론, 다른 호수에서는 찾아볼 수 없는 기이한 닭새우도 발견할 수 있다.

하지만 무엇보다 신기한 동물은 바로 세계에서 유일한 민물 물개 네르파다. 네르파는 집단으로 서식하며 호수가 어는 겨울에는 물속에서 얼음에 구멍을 뚫어 숨쉬곤 한다.

바이칼 호의 바다생물은 도대체 어디서 온 것일까? 사람들은 바이칼 호가 지하터널을 통해 대서양과 이어진 것이 아닐까 추측하지만 확인된 바는 없다.

과학자들은 대표적인 바다생물인 네르파와 오물(바이칼 호 어획고의 70%를 차지하는 물고기로 연어와 비슷하다)이 빙하기를 전후해 북극해에서 강을 따라 바이칼 호로 들어왔을 가능성에 무게를 두고 있다.

바이칼 호 인근의 전형적인 목조 가옥

그렇다면 네르파와 오물이 북극해에서 2,000km나 떨어진 담수호까지 흘러 들어온 까닭은 무엇일까? 이 동물들은 바이칼 호의 존재를 어떻게 안 것일까? 이 호수가 살아가는 데 적합하다는 사실은 또 어떻게 알았을까?

바이칼 호가 수백 만 년 전에는 바다였으며 이후 고립된 바다 생물들이 담수에 적응하게 되었다는 주장도 나오고 있지만, 현재와의 시간차를 고려할 때 명확한 증거를 찾기에는 무리일 수밖에 없다. 결국 인류의 역사를 뛰어넘는 바이칼 호의 비밀은 현대 과학조차 닿을 수 없는 호수의 심연 속에 좀더 잠들어 있을 듯하다.

세계에서 유일한 민물 물개, 네르파

바이칼에서만 볼 수 있는 민물 물개 네르파는 귀여운 외모로 관광객들의 사랑을 한 몸에 받고 있다. 막 태어난 새끼는 새하얀 털로 뒤덮여 있고, 자라면서 털이 짙은 색으로 변한다. 크기가 보통 1.3m에, 몸무게가 63~70kg 정도인 네르파는 물개 중에서 가장 작은 대신 가장 오래 산다(암컷은 최대 56년).

네르파는 새끼를 보통 한 마리만 낳지만 쌍둥이를 가질 수 있는 유일한 물개이기도 하다. 암컷은 11달 동안 품고 있던 새끼가 태어나면 얼음 속에 길이 5m, 폭 2m 정도의 굴을 파서 보금자리를 마련하고 혼자 키운다. 새끼는 몸을 따뜻하게 보호하는 지방층이 형성될 때까지 이 보금자리 안에서 미로 같은 굴을 파며 운동함으로써 체온을 유지한다.

어미 네르파는 2.5개월 동안 새끼에게 젖을 먹이는데 이 기간 동안 새끼는 처음 태어났을 때보다 몸무게가 5배나 늘어난다. 젖을 떼면 어미가 잡아다 주는 물고기 등을 먹으며 지내는 새끼는 얼음이 녹고 둥지가 무너지는 봄이 되면 어미 곁을 떠나 독립한다.

무분별한 사냥으로 네르파의 수가 갑자기 줄어들자 러시아 정부는 네르파를 멸종 위기 동물로 지정·보호하고 있으며, 그 결과 현재 바이칼 호에는 6만여 마리의 네르파가 서식하고 있다.

아메리카

요세미티 계곡을 만든 빙하

미국에 있는 거대한 요세미티 계곡은 바로 빙하의 작품이다.
요세미티에 형성된 기암절벽과 환상적인 풍경을 살펴보며 빙하의 침식작용에 관해 알아보자.

요세미티Yosemite 계곡은 미국 캘리포

니아 중동부 시에라네바다 산맥 서쪽 언덕, 샌프란시스코에서

동쪽으로 약 251km 지점에 위치한다. 인디언들은 이곳을 '하늘

을 향해 벌린 큰 입'이라는 뜻의 '아와니Ahwanee'라고 불렀다.

요세미티는 빙하의 침식으로 형성된 전형적인 U자형 계곡으

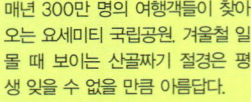

매년 300만 명의 여행객들이 찾아
오는 요세미티 국립공원 겨울철 일
몰 때 보이는 산골짜기 절경은 평
생 잊을 수 없을 만큼 아름답다.

로, 절벽이 무척 깊고 가파르며 높은 곳에서 떨어지는 폭포가 장관이다. 1890년 미국 정부가 이곳의 호수와 저습지, 숲(거대한 당송나무 숲이 있다), 폭포 등을 아울러 3,061km²에 달하는 지역을 요세미티 국립공원으로 지정하였고, 1984년 유네스코에 세계자연유산에 등록되었다.

세 지류가 만나 형성된 머세드 강이 계곡을 따라 흐르는 요세미티는 세계적으로 폭포가 가장 많이 밀집된 곳이기도 하다. 그중에서도 무려 739m 위에서 3단으로 떨어져 내리는 요세미티 폭포는 미국에서 가장 높은 폭포다. 높이 97m의 버널 폭포는 폭포 아랫부분에 물방울이 튀면서 만들어진 짙은 안개가 햇빛에 반사되며 무지개가 피어나는 것으로 유명하다.

요세미티 국립공원의 흑곰

설빙

지류 빙하

이동하는 빙하

U자형 계곡

중퇴석

융빙수

카르(빙하의 침식으로 반달 모양으로 우묵하게 파인 지형)

아레트(빙하 침식으로 만들어진 뾰족한 산등성이)

측퇴석이 빙하 중앙으로 모인다

빙하는 이동하면서 작은 자갈부터 커다란 바위까지 계곡에서 깎여 내려온 물질을 모두 안으로 흡수한다. 빙하 바닥의 암석이 빙하곡을 침식시켜 U자형 계곡을 만든다.

빙하 침식으로 만들어진 요세미티의 기암절벽도 빼놓을 수 없는 절경이다. 그중 모양새가 19세기 미국 군인의 군모와 비슷하다 하여 엘 카피탄(대장바위라는 뜻)이라 부르는 바위는 명칭에 걸맞게 세계 최대의 단일 화강암으로 땅 위로 1,098m나 솟아올라 있다.

　　바가지를 엎은 상태에서 반을 뚝 자른 모양의 하프 돔도 요세미티 명물 중의 하나다. 하프 돔은 높이가 2,695m나 되는 바위로 수직에 가까운 암벽은 수많은 등반가들에게 경외의 대상이지만 멀리서 보면 머리를 치켜든 아기 펭귄 같아 귀엽게 느껴진다.

　　산 정상에 서면 요세미티 국립공원의 풍경을 한눈에 훑어볼 수 있는 글레이셔 포인트도 관광객의 발길이 끊이지 않는 곳이다. 이 밖에 요세미티 계곡에는 기묘한 모양의 화강암과 아찔할 만큼 가파른 절벽, 풍화작용으로 만들어진 원형의 바위언덕과 돔 등 볼거리가 무척 많다.

　　이런 요세미티도 1,000만 년 전에는 낮은 구릉이었다. 그러던 것이 지각운동이 일어나 구릉이 위로 솟아오르고 머세드 강에 침식되면서 골짜기가 점점 깊어졌다. 또한 300만 년 전, 빙하가 엄청난 기세로 흘러내리며 계곡을 깎아 내리면서 현재와 같은 훌륭한 모습이 완성된 것이다.

　　당시 캐나다를 비롯해 미국 중부와 동부를 합친 땅의 3분의 2가 두꺼운 빙하로 뒤덮여 있었다. 서부의 골짜기를 뒤덮은 커다란 곡빙하는 계곡을 따라 아래로 흘러 내리면서 수백 만t에 달하는 단단한 암석을 부수어 버렸다. 빙하의 침식력은 물과 바람보다 훨씬 강력해서 요세미티 계곡은 점점 넓어지며 U자형이 되었다.

빙하의 전성기는 어떠했을까? 거의 모든 요세미티 계곡이 두께 227m의 얼음으로 뒤덮인 모습을 상상해 보라. 황량한 빙원 위에 보이는 것이라고는 하프 돔의 정상뿐이고, 곡빙하에는 계곡에서 깎인 거대한 암석 부스러기가 섞여 있었다. 곡빙하의 침식으로 운반되는 암석 부스러기를 '측퇴석'이라고 하는데, 그 규모는 하류로 갈수록 더욱 커졌을 것이다.

하프 돔 아래에서 2개의 빙하가 만나 하나가 되면서 그 안의 퇴석도 합쳐져 새 빙하의 중앙부를 따라 운반되는 모습도 상상할 수 있다. 하늘에서 내려다보면 이 중퇴석(중앙퇴석)의 모습은 마치 얼음 가운데 검은 문양을 새긴 것같이 보였을 것이다. 빙하의 이동을 따라 이리저리 휜 중퇴석은 빙하가 움직인 모습을 그대로 보여 준다.

요세미티 지곡의 시에라네바다 산맥에는 지금도 60여 개의 작은 빙하가 있다. 언뜻 보기에는 완전히 녹지 않은 눈 정도로 보이는 빙하도 있지만, 이들은 오랜 세월 녹지 않은 채 이동 중이다.

U자곡과 V자곡

- U자곡 : 빙하가 골짜기를 흘러내리면서 계곡의 양옆과 밑을 깎아 만들어진 U자형 계곡이다. 빙하의 마찰력이 물보다 적어 모양이 완만하고 길다.
- V자곡 : 산지가 많은 강의 상류에 물의 침식작용으로 형성된 V자형 계곡을 가리킨다. 기울기가 급한 곳에서 물이 떨어져 내려 바닥을 깎아 내므로 폭이 좁고 깊으며 경사가 가파르지만 길이는 짧다.

CHAPTER 02

상고시대로 향하는
텅 빈 터널, 그랜드 캐니언

 요세미티가 빙하의 작품이라면 그랜드 캐니언은 수억 년 동안 강의 급류에 깎여 만들어졌다.
그랜드 캐니언의 형성 과정과 발견에 얽힌 이야기를 따라가 보자.

미국 애리조나 주 북부에 있는 그랜
드 캐니언은 총 길이 447km, 깊이 1,600m, 너비가 6∼30km나
되는 거대한 협곡이다. 거대한 암석과 아찔할 만큼 깊은 계곡으
로 사람을 압도하는 그랜드 캐니언은 어떻게 탄생한 것일까?

인디언 전설에 의하면, 그랜드 캐니언은 1차 대홍수 때 형성

그랜드 캐니언의 특이한 지형

되었다. 이때 하느님이 사람을 물고기로 변신시켜 살려 준 까닭에 그 지역 인디언은 지금까지 생선을 먹지 않는 관습을 지키고 있다.

전설과는 달리 그랜드 캐니언을 만든 진짜 주인공은 바로 콜로라도 강이다. 계곡 밑을 흐르는 콜로라도 강은 스페인어로 '붉은 강'이란 뜻으로, 강물에 진흙이 많아 항상 붉은 색을 띠기 때문에 붙여진 이름이다.

약 1억 년 전 고원이 융기하고 진흙과 작은 돌이 많이 섞인 콜로라도 강이 오랜 세월 천천히 대고원을 깎아 내려 그랜드 캐니언을 만들었다.

그랜드 캐니언을 처음 찾아낸 사람은 스페인 탐험대이다. 1540년 황금을 찾아 이곳으로 들어온 탐험대는 협곡 가장자리에서 물소리를 따라 사흘을 헤맸지만 협곡이 너무 높고 험해 도저히 강을 찾을 수 없었다. 만약 강을 찾았다면 아마 놀라서 입을 다물지 못했을 것이다. 그때는 강의 너비가 1.8m 정도로 무척 좁았을 테니 말이다.

그로부터 약 300여 년 후인 1869년, 미국 지질학자 존 웨슬리 파월이 탐험대를 이끌고 캘리포니아 만에서 출발하여 콜로라도 강의 급류에 몸을 실었

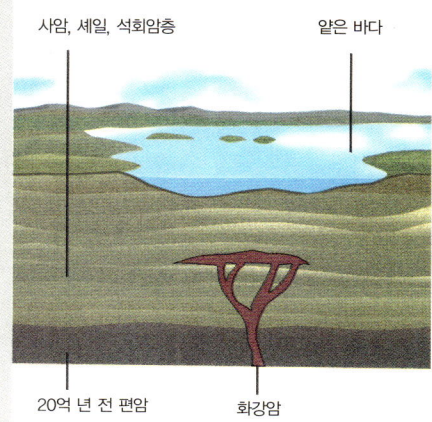

사암, 셰일, 석회암층 / 얕은 바다

20억 년 전 편암 / 화강암

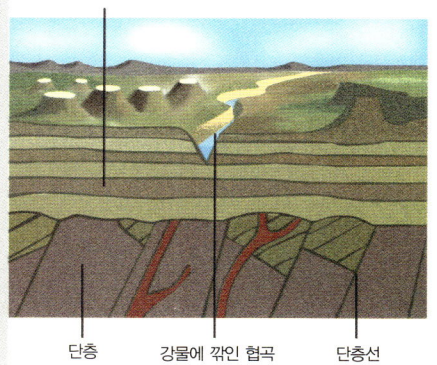

후기에 퇴적된 사암, 셰일, 석회암층

단층 / 강물에 깎인 협곡 / 단층선

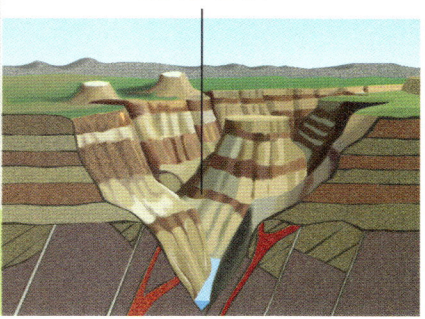

강물에 침식된 협곡

그랜드 캐니언은 오랜 세월 콜로라도 강에 깎이고 6,000만 년 전 지각운동으로 고원이 솟아오르면서 형성되었다. 물살이 무척 빠른(32km/h) 콜로라도 강은 협곡 양쪽을 침식시키고 물길을 더 깊이 파낸다.

다. 2개월 후 그랜드 캐니언의 오지에 도착한 탐험대는 바윗길을 따라 걷기 시작했다. 나중에 그가 기록한 바에 따르면, 당시 바윗길 한쪽은 300m 깊이의 낭떠러지와 겨우 8cm밖에 떨어져 있지 않았고, 다른 쪽에는 가파른 암벽이 솟구쳐 있었다고 한다. 그랜드 캐니언의 협곡이 얼마나 좁고 가파른지 알 수 있는 부분이다.

그랜드 캐니언이 널리 알려지면서 그 매력에 사로잡힌 사람들이 1800년대 후반 이곳을 국립공원으로 지정하고자 노력한 결과 1919년 마침내 성과를 볼 수 있었다.

그랜드 캐니언의 거대하고 장엄한 모습에 감탄한 루스벨트 대통령이 "미국인이라면 의무적으로 그랜드 캐니언을 방문해야 한다"라고 말한 후 일이 순조롭게 진행되어 윌슨 대통령이 재임하던 1919년, 국립공원으로 지정된 것이다. 이후 1979년에는 유네스코 세계자연유산으로 등록되었다.

1,500m의 협곡 벽에 겹겹이 쌓인 지층이 그대로 드러나 보이는 그랜드 캐니언은 살아 있는 지질학 교과서로 불린다. 제일 아래쪽의 지층은 약 20억 년 전에 형성된 것으로, 그 위로 옅은 검은색을 띤 편암(쉽게 갈라지는 변성암)에서부터 화석이 많이 매장된 화강암, 붉은 사암, 녹회색의 셰일 등이 쌓여 있다.

그랜드 캐니언의 지형은 탑처럼 뾰족한 모양, 기이한 봉우리들이 우뚝 솟은 모양, 동굴처럼 뻥 뚫린 것 등 매우 특이하고 다양하다. 사람들은 특이한 암석에 각각 아르테미스 신전이나 아폴로 신전, 브라만 사원 등 성스럽고 신비한 이름을 붙였다.

나아가 이곳은 빛깔로도 유명하다. 붉은 지층은 햇빛의 세기에 따라 자줏빛이나 짙은 남색, 갈색 등 다채로운 색으로 변하며 신비함을 더하면서 매년 수백만 명의 관광객을 불러 모은다.

그렇다고 그랜드 캐니언에 붉은 암석만 있는 것은 아니다. 언뜻 보면 황량해 보이는 그랜드 캐니언에도 수많은 동·식물의 보금자리가 있다.

이곳에 둥지를 튼 육지동물과 조류만 해도 각각 90여 종과 300여 종에 이르며 양귀비와 가문비나무, 선인장, 전나무 등 1,500여 종의 식물도 자라고 있다.

그랜드 캐니언은 수천 년 전부터 이곳에 뿌리를 내리고 살아 온 인디언들의 땅이었다. 비록 지금은 광대한 땅을 빼앗기고 인디언 거주지에 묶여 지내고 있지만 지금도 하바수파이족과 나바호족 등은 그랜드 캐니언의 녹지대에서 자연을 숭배하며 살고 있다.

상류와 하류의 차이

강의 상류는 기울기가 급해서 물의 흐름이 빠르므로 침식이 활발하게 일어나고 물질을 운반하는 힘이 크다. 반면에 강의 하류는 경사가 완만함으로써 물의 흐름이 느려 침식 후 운반하던 물질의 퇴적작용이 일어난다.
모양은 상류가 좁고 경사가 급하며 곧게 흐르는 반면, 하류는 길고 완만하며 구불구불 흐른다.

CHAPTER 03

5만 년 전에 생긴 애리조나 운석구덩이

하루에도 수많은 운석이 지구로 떨어지지만 대부분이 땅에 닿기 전에 흔적도 없이
사라진다. 하지만 아주 큰 운석은 지구에 엄청나게 큰 구덩이를 남기기도 한다.
운석이 땅에 떨어질 때의 폭발력은 과연 얼마나 되며 그 후 운석은 어디로 사라진 걸까?

매일 총 수백t에 달하는 운석들이 지구 대기층으로 진입하지만 대부분이 몇 mg짜리 부스러기에 불과하다. 작은 운석이 대기층에 진입하는 속도는 보통 $10 \sim 70$km/s로서, 비교적 큰 운석은 대기층과 부딪친 후 시간당 수백km 정도로 속도가 느려진 후 큰 소리와 함께 땅에 떨어진다.

그러나 수백t 무게의 아주 큰 운석은 대기층에 진입한 후에도 속도가 줄지 않아 땅에 떨어질 때 커다란 구덩이를 만든다.

애리조나 운석구덩이는 미국 최대 규모로, 구덩이 안에 축구장 20개를 건설할 수 있으며, 주위에 200만 명을 수용할 수 있는 관람대를 만들 수 있다.

가장 널리 알려진 운석구덩이는 미국 애리조나주 캐니언 다이아블로 사막에 있는 애리조나 운석구덩이(배린저 운석구덩이)이다. 운석이 떨어질 때의 충격으로 직경 1,200m, 깊이 175m짜리 구덩이가 파였으며, 구덩이 주변 땅은 솟아올라 근처 사막보다 40m나 높다.

이처럼 큰 구덩이를 만든 운석은 무게 약 90만t, 지름 100m 정도의 철운석으로 약 5만 년 전에 지구와 충돌한 것으로 추측하고 있다. 대다수 운석은 지구 대기층에 진입하면 타버리거나 부서지지만 이 운석은 원래 크기를 유지한 채 땅에 떨어진 것으로 보인다. 과학자들은 운석이 땅에 충돌할 때의 폭발력이 1945년 일본 히로시마에 떨어진 원자폭탄보다 40배나 높았을 것이라고 말한다.

사람들은 처음 이 구덩이가 푹 꺼진 화산구라고 생각했지만 시간이 흐르면서 외계 물체가 지구에 부딪칠 때 남은 흔적이라는 주장이 나왔다. 애리조나 운석구덩이를 처음 발견한 다니엘 M. 배린저도 운석의 충돌설을 주장한 사람 가운데 하나였다.

1906년 배린저는 철이 다량 함유되어 있는 거대한 운석이 지하에 묻혀 있을 것으로 확신하고 구덩이를 포함한 땅의 시추 작업을 벌였다. 동남쪽이 다른 방향보다 30m 높으므로 운석이 북쪽에서 떨어져 지면에 부딪친 후 구덩이의 동남쪽 가장자리에

운석이 지면에
부딪치는 순간 — 충격파

산화된 암석과 니켈, 철

분출파

엄청난 충격과 열 때문에
용해된 암석

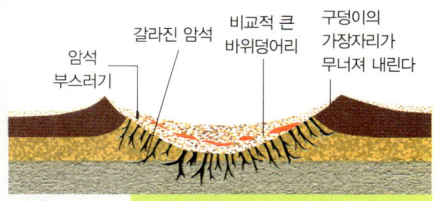

운석구덩이의
최대 지물

갈라진 암석 | 비교적 큰 바위덩어리 | 구덩이의 가장자리가 무너져 내린다

암석 부스러기

지구와 비교하면 보잘것없는 운석은 지구와 충돌하면서 산산조각 난다. 운석이 지구 표면에 부딪치면 운석구덩이가 생기고 운석구덩이 아래 묻힌 운석은 대부분 불규칙적인 송곳 모양을 이룬다. 표면에 암석이 용해되어 움푹 파인 구덩이인 싱크홀이 선명하다.

파묻혔다는 것이 그의 생각이었다. 그러나 1929년 별다른 성과 없이 작업을 중지하고 말았다.

시간이 흘러 1960년, 배린저 운석구덩이에서 희귀 광물인 코자이트와 스티쇼바이트가 발견되었다. 두 물질은 모두 압력과 온도가 엄청 높을 때 생성되는 것으로 이 구덩이가 어마어마한 충격으로 만들어졌음을 의미한다. 배린저의 추측이 마침내 증명된 것이다. 이때부터 그를 기념하기 위해 이 운석구덩이를 배린저 운석구덩이라고 불렀다.

그런데 땅에 떨어진 운석은 어디로 사라진 걸까? 애리조나 운석구덩이 주위에서 30t에 달하는 철 운석 파편을 수거했지만 운석 자체를 보았다는 기록은 없으며, 배린저를 비롯해 어느 누구도 땅 속에 묻혔다는 운석을 찾지 못했다. 후대 과학자들이 밝힌 것처럼 운석이 떨어짐과 동시에 산산이 부서졌기 때문이다.

비록 운석은 사라지고 없어도 운석구덩이와 운석 파편들은 태양계의 기원과 변화, 생명의 기원을 연구하는 데 소중한 단서를 제공한다. 애리조나 운석구덩이도 달 표면의 크레이터와 매우 비슷해서 우주과학을 연구하는 데 활용되는 한편, 미국 우주비행사들의 훈련장소가 되고 있다.

탄생 후 수억 년 동안 운석과 충돌한 지구 표면은 상처가 가득했지만 지각변동과 기후의 변화, 침식 등으로 운석구덩이가 대부분이 사라졌다. 일부 남아 있는 것 중 현재 120개를 발견한 상태다.

과학자들은 6,000만 년 전에 지구에 떨어진 거대한 운석이 70%나 되는 지구의 동·식물을 멸종시켰다고 주장한다. 공룡이 멸종한 원인도 백악기 후기 직경 10km의 운석이 지구로 떨어졌기 때문이라고 한다. 거대한 운석은 지각층을 뚫을 정도로 커다랗고 깊은 구덩이를 만들기 때문에 화산이 폭발할 수 있으며, 바다에 떨어질 경우 해일이 일어 피해가 어마어마하다는 설명이다.

::교과서 밖 토막 상식::

우리나라의 두원운석

우리나라에도 과연 운석이 떨어졌을까? 역사책에 운석으로 추정되는 물질이 나오기는 하지만 실제 기록으로 남은 것은 3개뿐이다. 그중에서도 평안남도 영원군에서 발견된 소백운석과 경상북도 옥계에 떨어진 옥계 콘드라이트는 해외로 반출되어 어디에 있는지 알 수 없고, 2.1kg의 두원운석만이 한국에 남아 있다.

두원운석은 1943년 11월 23일 오후 3시에 전라남도 고흥군 두원면에 떨어졌다. 그때 한 일본인이 운석을 주워 일본으로 가져가 1958년부터 일본 국립과학박물관에 비공개로 보존됐다. 그러다 1980년 운석에 관한 조사를 마친 일본 연구팀이 연구성과를 학계에 발표하면서 그 존재가 세계에 알려졌다.

이후 한국지질자원연구원 원장이 주축이 되어 일본과 협상을 벌인 끝에 1999년 한국지질자원연구원이 보유하고 있는 국내 지질 표본 4개와 두원운석을 교환해 영구임대방식으로 우리나라로 돌아왔다. 두원운석은 현재 연구원 부설 지질박물관에 전시 중이다.

CHAPTER 04

간헐천의 천국, 옐로스톤 국립공원

온천처럼 뜨거운 물이 일정한 간격을 두고 분수처럼 솟아오르는 간헐천.
전 세계 간헐천의 3분의 2에 해당하는 300개의 간헐천이 있는 미국 옐로스톤 국립공원을
탐험하며 간헐천의 형성원인을 파헤쳐 보자.

옐로스톤 국립공원의 간헐천
대략 60만 년 전 옐로스톤 국립공원 지역에서 화산이 폭발한 후 다시 폭발하지 않지만 활동을 완전히 멈춘 건 아니다. 공원 내 많은 간헐천은 화산구의 틈이나 단층을 따라 암석이 갈라진 틈에 형성되었다.

강과 호수는 육지 물의 일부분에 불과할 뿐 대부분의 물은 지하에 묻혀 있다. 지하수는 보통 땅을 파야 얻을 수 있지만 때론 지하에서 끓는 물이 뿜어져 나오기도 한다. 일정한 간격으로 지하에서 뜨거운 물이 솟아오르는 간헐천이 바로 그 예다.

간헐천이 형성되려면 몇 가지 조건이 필요하다. 첫째, 지표면 아래를 뜨겁게 달굴 마그마가 있어야 한다. 둘째, 지하에서 지면으로 통하는 길이 있어야 하며, 통로를 둘러싼 벽이 튼튼해야 한다. 셋째, 부글부글 끓는 마그마를 만나면 땅 위로 솟아오를 지하수도 필요하다.

이제 간헐천이 솟아오르는 과정을 살펴보자. 땅 속에서 지상으로 이어지는 통로가 워낙 좁다 보니 윗물과 아랫물이 활발하게 이동하며 섞이기가 쉽지 않아 아랫물은 매우 빨리 끓는 반면, 윗물은 차가운 편이다. 뜨거운 아랫물이 차가운 윗물에 눌리면

압력이 높아져 보통 물보다 끓는점이 올라간다.

한편 차가운 윗물은 뜨거운 아랫물이 증발하면서 내뿜는 수증기에 가열되어 팽창하면서 땅 위로 뿜어져 나온다. 이로써 갑자기 물의 압력이 떨어지면 부글부글 끓고 있던 아랫물이 순간 수증기로 변하면서 물과 함께 폭발하듯 땅 위로 솟아오르는 것이다.

주로 화산지대에서 볼 수 있는 간헐천은 암석이 상하 좌우로 이동할 수 있는 단층이나 지각이 갈라진 틈에 나타난다.

전체 면적이 약 9,000km²나 되는 옐로스톤 국립공원은 미국 몬태나 주와 와이오밍 주, 아이다호 주에 걸쳐 있다. 옐로스톤(노란 바위라는 뜻)이라는 이름은 미네랄이 풍부한 온천수가 석회암층을 흘러내리며 바위 표면을 노랗게 변색시켜 붙여진 것이다.

간헐천이 뿜어져
나오는 광경

지하수가 마그마로 가열된다

물이 암석이 갈라진 틈을
따라 지하로 스며든다

마그마

간헐천은 온천과 다르다. 온천은 수온이 높을 뿐만 아니라 유황 함유량이 적지만 간헐천은 수온이 조금 낮고 대량의 유황과 탄산가스가 들어 있다. 물기둥이 솟아오르는 시간 간격이 다르며 10여 분에서 1시간 정도 지속되므로 이 모습을 직접 보려면 시간을 잘 맞춰야 한다.

이곳은 미국에서 가장 오래되고 가장 큰 국립공원인 동시에 세계 최대의 자연보호구역으로 생물학적 연구 가치와 환경교육적인 가치가 매우 높다. 1978년, 유네스코 세계자연유산으로 등록되었다.

호수와 산, 분수, 협곡, 폭포, 온천 등 아름다운 경관이 펼쳐지는 옐로스톤 국립공원에는 전 세계 간헐천의 3분의 2나 되는 300개의 간헐천이 모여 있다.

그중에서도 가장 독특한 것은 간헐천이 4개나 뿜어져 나오는 '라이온 가이저(간헐천)'로서 물기둥이 솟아오르기 전 폭발하는 수증기가 사자의 울음소리를 낸다.

이 외에 솟아오르는 물의 모습이 성과 같은 캐슬 가이저도 관광객을 사로잡으며, 온천 중에서는 푸른빛을 띤 사파이어 풀이 유명하다.

그러나 뭐니 뭐니 해도 가장 유명한 것은 바로 올드 페이스풀이다. 올드 페이스풀은 간헐천에서 뿜어져 나온 광물이 쌓여 만들어진 4m 높이의 둥근 언덕 가운데 있다. 예전에는 60~65분마다 물을 뿜어대는 바람에 오래되고 충실하다는 의미의 이름이 붙었지만 지금은 90분에 한 번, 때로 30분에 한 번씩 불규칙적으로 활동한다. 처음에는 물줄기가 천천히 올라오다 곧 30~60m 높이로 세차게 솟아올라 오르락내리락하며 멋진 분수 쇼를 선보인다.

그런데 아쉽게도 요즘에는 이마저도 보기가 쉽지 않다. 지하에 스며드는 물의 양과 지하의 온도가 조금만 변해도 간헐천에 영향을 미치기 때문이다. 실제로 몇 분마다 물을 뿜어내는 간헐천도 있지만 어떤 것은 몇 년에 겨우 한 번 물기둥이 솟아오른다.

또한 수증기나 거품만 올라올 뿐 물이 솟아오르지 않는 간헐천도 많다. 끓는 물이 폭발할 정도로 압력이 생기기 전에 다른 곳으로 흘러가 버리면 시원한 물기둥을 뿜어내는 게 어렵기 때문이다.

최신 연구 결과, 지진도 간헐천에 영향을 준다는 추측이 제기되었다. 1959년 8월, 미국 몬태나 주에서 지진이 발생하기 몇 달 전, 올드 페이스풀 물기둥의 분출 간격이 몇 분 정도 줄어들었다.

과학자들은 지진으로 인해 간헐천의 단층이 비뚤어져 증기와 끓는 물이 땅으로 나오는 길을 막았을 것으로 추측했지만 아직까지 확실한 원인은 밝혀내지 못한 상태다.

CHAPTER 05

천둥소리를 내는 물줄기, 나이아가라 폭포

51m 위에서 엄청난 소리와 함께 떨어져 내리는 나이아가라 폭포.
세계 3대 폭포 중의 하나인 나이아가라 폭포에 얽힌 여러 이야기를 알아보자.

북아메리카에서 가장 큰 나이아가라 폭포는 미국 뉴욕 서북부와 캐나다 변경, 나이아가라 강 중간에 있으며 미국과 캐나다의 국경을 이룬다. 나이아가라 강은 이리 호에서 흘러나와 북쪽 온타리오 호로 흘러 들어간다. 총 길이는 58km에 불과하지만 이리 호와 온타리오 호 지형의 높이가 100m나 차이 나기 때문에 거대한 폭포가 탄생한 것이다.

나이아가라 폭포와 관련해 전해 내려오는 인디언 전설이 있다. 옛날 인디언 부락의 추장이 아름다운 인디언 처녀에게 한눈에 반해 버렸다. 마침내 추장은 그녀를 아내로 맞이했다. 그러나 추장과의 결혼을 원치 않았던 처녀는 신혼 첫날밤, 혼자 뗏목을 타고 나이아가라 강을 거슬러 올라갔다. 그후 아름다운 선녀가 된 처녀는 지금도 가끔 폭포의 무지개 속에 모습을 드러낸다고 한다.

나이아가라 폭포는 원래 인적이 드문 곳으로 사

유람선이 천천히 폭포로 다가가면 나이아가라 폭포의 엄청난 기세와 힘을 느낄 수 있다.

람들에게 별로 알려지지 않았다. 그 지역 인디언들만 나이아가라 폭포를 알고 있었는데, 그들은 폭포물이 천둥소리를 내며 떨어진다 하여 '천둥소리를 내는 물줄기'라는 뜻의 '온귀아라Onguiaahra'라고 불렀다.

그 후 1678년 프랑스 선교사 헤네핑에 의해 이 폭포가 발견되면서 세상에 알려지게 되었다. 그리고 나폴레옹의 동생 파울리나 보나파르트가 나이아가라 폭포로 신혼여행을 온 이후 인기를 얻으면서 현재 매년 400만 명이나 되는 관광객이 이곳을 방문한다.

나이아가라 폭포가 워낙 멋있는데다 두 나라 간의 국경선을 명확히 그을 수 없어 이 지역을 둘러싸고 미국과 캐나다의 분쟁이 끊이지 않았다. 심지어 미국은 1812~1814년 영미 전쟁을 치르는 동안에도 이곳을 차지하기 위해 캐나다와 전투를 벌이기도 했다.

후에 두 나라는 나이아가라 폭포를 공동 소유하고 국경선으로 삼는 조약을 맺었다. 그로부터 약 200년 동안 두 나라는 평화적으로 경계를 지키며 각자 자기 영토에 나이아가라 폭포 타워를 만들었다.

나이아가라 폭포는 가운데 있는 고트 섬 때문에 두 줄기로 나뉜다. 고트 섬과 캐나다 온타리오 주 사이에 있는 캐나다 폭포는 호스슈(말발굽) 폭포라 하며 높이 48m, 너비 900m에 이른다. 그리고 고트 섬 북동쪽의 미국 폭포는 높이 51m, 너비 320m이다. 나이아가라 강물의 94%는 캐나다 폭포로 흘러 내려간다.

나이아가라 폭포의 전경은 캐나다 폭포가 훨씬 멋있다. 호스슈 폭포는 미국 폭포와 200~300m 떨어져 있는데 이름 그대로 말발굽처럼 U자로 휜 모습이 장관이다. 강의 동쪽에 위치한 미국의 브라이들 베일 폭포는 폭포물이 떨어지면서 하얀 물보라를 흩날리는 모습이 신부의 면사포와 같다 하여 붙은 이름이다.

나이아가라 폭포 지역은 지질 구조가 매우 특이하다. 나이아가라 강은 낙폭이 1.6km당 약 6~7m밖에 되지 않을 만큼 수평에 가깝다. 그리고 폭포가 걸려 있는 케스타 벼랑 꼭대기는 대리석으로 되어 있으며, 아래쪽은 물의 힘에 쉽게 침식되는 부드러운 이판암과 사암으로 이루어져 있다. 절벽 꼭대기에서 폭포가 그처럼 수직으로 세차게 떨어질 수 있는 이유도 모두 단단한 대

웅장한 나이아가라 폭포는 불가능에 도전하는 사람들이 즐겨 찾는 장소다. 1859년 프랑스의 곡예사 샤를 블롱댕이 길이 335m의 철근을 폭포수가 가장 강한 상공 49m 위에 설치하고 이곳을 건넜는데 지금까지 이 기록을 깬 사람이 없다. 사진 왼쪽이 미국 폭포, 오른쪽이 호스슈 폭포 즉 캐나다 폭포다.

리석 지층 때문이다.

홍적세 시기, 거대한 대륙 빙하가 뒤로 물러나면서 대리석층이 모습을 드러냈는데, 이리 호에서 흘러오는 물에 잠겨 지금과 같은 나이아가라 폭포가 되었다.

빙하가 물러간 속도를 계산하면 폭포는 적어도 7,000년 전에 형성된 것으로 보는데, 개중에는 2만 5,000년 전에 형성된 것으로 보는 전문가도 있다.

CHAPTER 06

열대우림을 위해
비료를 뿌리는 사막

아마존의 열대우림은 지구의 허파라고 불릴 만큼 무수한 나무로부터 산소를 공급하지만
땅 자체는 무척 척박하다. 이런 아마존 땅에 영양분을 제공하는 것은 뜻밖에도 사막이다.
그 신비한 원리를 파헤쳐 보자.

아마존 강은 남아메리카의 자랑거리다.
거대한 강줄기가 페루와 브라질, 볼리비아, 에콰도르, 콜롬비아,
베네수엘라를 통과하며 800만km²의 광활한 대지를 촉촉이 적신
다. 그 주위에 바로 세계 최대의 아마존 열대우림이 자라난다.

아마존 열대우림은 지구 삼림의 30%에 해당하는 총 700만
km²의 면적을 차지한다. 자연자원이 워낙 풍부해 생물종도 많고
복잡하게 얽힌 생태계가 잘 보전되어 생물학자들의 천국으로 불
린다.

수원이 풍부하고 오염을 줄이고 생물의 다양성을 유지하는 기
능을 하는 아마존 열대우림은 매년 전 세계에서 배출해 내는 이
산화탄소를 흡수하는 한편 엄청나게 많은 산소를 뿜어내 지구의
허파라는 명예로운 애칭을 얻었다.

거대한 양수기 같은 열대우림에 흡수된 토양의 수분은 증발을
통해 다시 공기로 배출된다. 또한 이곳의 땅은 침투성이 높아 많
은 빗물을 흡수하고 보존할 수 있다.

남아메리카를 가로지르는 아마존 강에는 수천 개의 지류가 뻗어 나오는데 강이 큰 만큼 그 주변 면적 또한 705만km²나 된다. 특히 하류의 아마존 분지는 총면적이 약 560만km²로서 세계 최대의 퇴적평야다. 아마존 분지는 적도 바로 아래 위치해 연평균 기온이 25~27℃이고 연평균 강우량이 2,000mm이며, 서부 지역은 3,000mm에 달해 엄청나게 큰 열대우림이 자라기에 아주 적합하다.

그런데 이상하게도 이렇듯 물 많고 나무 많은 열대우림의 땅 자체는 매우 척박하다. 그것은 바로 식물 성장에 꼭 필요한 인산과 칼륨이 너무 적은 토양 탓이다. 또한 낙엽이나 동물 시체들이 분해되어 토양의 자양분이 되기도 전에 비에 씻겨 내려가는 것도 이유 중 하나이다. 그렇다면 거대한 나무가 성장하는 데 필요한 양분은 어디서 오는 것일까?

일부 과학자들은 바다 건너 사하라 사막이 아마존 열대우림에 비료를 준다고 주장하고 있다.

미국 항공우주국에서 기상위성과 비행체를 통해 남아메리카의 거대한 먼지구름을 추적한 결과, 이 먼지들이 아프리카 사하라 사막과 그 남쪽의 칼라하리 사막에서 날아온다는 사실을 발견했다.

아마존 열대우림은 세계적으로 생물이 가장 번성한 지역이다. 나무와 양치 식물 등이 빽빽하게 성장해 다양한 야생동물의 보금자리가 된다.

나무갓(줄기와 잎이 많이 달린 나무줄기 윗부분)

30m 높이의 케이폭 나무

수풀이 우거진 나무기둥

덩굴식물

덩굴식물에 기생하는, 식물 중에 꽃이 가장 큰 라플레시아 또한 미국 마이애미 대학의 과학자도 이 먼지구름이 미국 남부 지역과 카리브 해 일부 지역의 기후에 영향을 준다는 사실을 밝혀냈다.

아프리카 사막에서 날아온 붉은 먼지구름은 카리브 해에 있는 바베이도스 섬의 토양을 형성하며, 마이애미 시 전체에도 붉은 색을 선사한다.

그렇다면 먼지구름이 어떻게 드넓은 대서양을 건너 멀고 먼 아메리카 대륙에 이르는 것일까?

일부 과학자들은 저위도 지역에 부는 동풍이 이 먼지들을 실어 나른다고 주장한다. 동풍의 평균 속도를 볼 때 양분을 듬뿍 담은 사하라 사막의 먼지는 5~10일이면 대서양을 건너 아마존 강 유역에 도달할 수 있다.

미국의 한 열대생태학자는 만약 매년 1,200만t의 먼지가 아마존에 떨어지면 평균 1ha당 1.1kg의 인산과 칼륨이 증가할 수 있다고 말한다. 정말 그렇다면 사하라 사막과 아마존 열대우림 사이의 관계를 설명하는 데 '사막은 생명의 근원'이라고 한 프랑스 학자의 말보다 더 적절한 표현은 없어 보인다.

CHAPTER 07

태양계를 본뜬 테오티우아칸

정교한 설계에 의해 건설한 '신들의 도시' 테오티우아칸.
아무도 남아 있지 않은, 4세기부터 7세기까지 번성했던 이 도시를 발견한 사람은
아스텍족으로, 그 밖에는 아무런 기록도 없는 상태다.
이 도시가 태양계를 본떠 건축되었다는 연구 결과는 과연 사실일까?

멕시코 시에서 북동쪽으로 약 50km

지점, 해발 2,300m 고원지대에 고대도시 테오티우아칸이 자리 잡고 있다. 이 도시의 중앙에는 너비가 40~100m, 전체 길이 5.5km나 되는 '죽은 자의 길'이 놓여 있다. 이곳을 발견한 아스텍 사람들이 길 양쪽에 늘어서 있는 언덕과 피라미드를 무덤으로 착각해 붙인 이름이다.

정교한 설계도를 바탕으로 남북으로 펼쳐진 테오티우아칸

케트살코아틀 신전의 계단

14세기, 이 길을 따라 아스텍족이 테오티우아칸에 도착했을 때는 사람의 그림자 하나 발견할 수 없었다. 기원전 2세기 경부터 이 거대한 도시를 건설한 사람들이 8세기 무렵 갑자기 사라졌기 때문이다.

도시에 대한 어떤 기록도, 이곳에 거주하는 사람도 전혀 없는 상황에서 이 도시에 '신의 도시'라는 뜻의 테오티우아칸이라는 이름을 붙인 것도, 각각의 건축물에 성스러운 이름을 지은 것도 바로 아스텍족이다.

죽은 자의 길 양옆으로 거대한 건축물이 늘어서 있는데 그중에서 가장 주목받는 것은 태양의 피라미드와 달의 피라미드다. 죽은 자의 길 북동쪽에 있는 태양의 피라미드는 테오티우아칸에서 가장 큰 피라미드로, 바닥 한 변의 길이는 230m, 높이 66m에 총 248개의 계단으로 이루어졌다. 5층으로 구성된 태양의 피라미드는 해가 뜨는 동쪽을 등지고 서쪽을 바라보는 형태다. 이 피라미드 위에 산 사람을 제물로 바쳐 태양신에게 제사를 올리던 사원이 있었던 것 같지만 지금은 사라지고 없다.

죽은 자의 길 북쪽 끝에 높이 45.79m, 바닥 한 변의 길이가 150m인 또 다른 피라미드가 우뚝 서 있는데 이곳이 달의 신에게 제사를 올리던 달의 피라미드다. 피라미드 앞의 수만 명을 수용할 만큼 큰 광장을 보면 당시 제사의 규모가 얼마나 컸는지 짐작할 수 있다. 1998년부터 발굴을 시작한 달의 피라미드에서는 유골을 포함한 다양한 유물이 발견되었다.

죽은 자의 길 남동쪽 끝에 있는 거대한 성채는 현재 한창 발굴 중이다. 이곳에 위치한 케트살코아틀 신전은 하늘과 땅의 융합을 상징하는 깃털 달린 뱀을 모신 곳으로서 난간과 벽에 새긴 케트살코아틀의 조각을 많이 볼 수 있다.

이 밖에 거미줄처럼 빽빽하고 정교하게 깔린 테오티우아칸의 배수시설에서도 그 시대 문명이 얼마나 뛰어났는지, 배수기술이 얼마나 훌륭했는지 알 수 있다.

1974년, 멕시코에서 열린 국제회의에서 휴 할레스턴이 테오티우아칸에서 사용한 고유의 측량단위를 찾았다고 발표했다. 테오티우아칸의 측량단위인 STU(the Standard Teotihuacan Unit)는 한 단위가 1.059m로, 케트살코아틀 신전과 달의 피라미드, 태양의 피라미드의 높이는 각기 21STU, 42STU, 63STU이며, 이 세 건축물의 비율은 1 : 2 : 3이다.

또한 죽은 자의 길 양쪽에 늘어선 신전과 피라미드들을 측량한 할레스턴은 테오티우아칸의 건축물이 태양계를 축소한 듯 행성과 소행성의 궤도와 일치한다는 사실을 발견했다. 케트살코아틀 신전을 태양으로 지정한 후 태양계 행성 사이의 거리에 비례해 각 행성에 해당하는 건축물을 구축했다는 것이다.

지구에서 태양까지의 거리는

태양의 피라미드

96STU, 태양에서 금성까지는 72STU, 수성까지가 36STU, 화성은 144STU이다. 한편 성채 뒤에 있는 운하는 성채 중심선에서 288STU 떨어져 있다. 바로 화성과 목성 사이 소행성대 거리에 해당한다.

중심선에서 520STU 떨어진 지점에 위치한 신전 터는 목성에서 태양까지의 거리와 같다. 여기서 다시 945STU 떨어진 곳에 위치한 태양의 피라미드는 바로 토성이다.

이곳에서 1,845STU를 이동하면 죽은 자의 길 끝인 달의 피라미드에 다다른다. 이는 바로 천왕성에 해당한다. 죽은 자의 길을 직선으로 연장하면 케로 고르도Cerro Gordo 정상에 도달한다. 그곳에 아직 발굴 중인 조그만 신전과 탑의 유적지가 있는데 그 거리는 각기 2,880STU, 3,780STU로, 명왕성과 해왕성까지 거리와 같다.

이것이 과연 우연일까? 이 도시를 설계한 사람이 태양계를 본 떴다는 것은 당시 태양계의 행성과 각 행성 사이의 거리, 움직임을 모두 파악하고 있었다는 말이다. 그렇다면 기원전 2세기, 과연 누가 테오티우아칸의 건축가에게 이 이치를 알려 주었단 말인가? 테오티우아칸과 관련해 어떤 기록도 남아 있지 않은 지금, 모든 것이 수수께끼일 뿐이다.

CHAPTER 08

나스카 지상그림을
그린 사람은 누구일까?

인간이 그렸다고 보기에는 너무 거대하고 완벽한 나스카 지상그림.
과연 누가 왜, 그리고 어떻게 그렸을까?
나스카 지상그림을 발견한 역사와 정체를 둘러싼 여러 가설을 살펴본다.

20세기 초, 페루 수도 리마의 민족박물
관에 비행기 조종사가 나타나 자신이 안데스 산맥 부근의 나스카
평원에서 고대 인디오들이 만든 운하를 발견했다고 주장했다. 그
는 연필로 괴상한 형태의 선을 그린 지도를 증거로 내밀었다.

그러나 당시 황량한 자갈사막에 운하가 있다는 말을 믿을 수
없었던 박물관장은 지도를 고문서 보관소에 넣어둔 채 그의 이
야기를 잊어버렸다. 유명한 나스카 평원의 지상그림이 하마터면
그대로 알려지지 않은 채 묻힐 뻔한 것이다.

나스카 지상그림이 새 생명을 얻게 된 것은, 1941년 페루 정부
의 의뢰로 미국 역사학자 폴 코소크 교수가 이 지역의 유적지와
관개수로를 조사하면서부터이다. 탐사대를 이끌고 나스카 평원
으로 향한 코소크는 흑갈색 평원 위에 골짜기처럼 푹 파인 하얀
띠를 발견했는데, 어느 것이든 끝머리의 깊이가 15~20cm로 일
정했으며, 1,500~2,000m나 일자로 쭉 뻗은 것도 있었다.

아무리 지형이 평평해도 이런 수로로는 물을 제대로 공급할

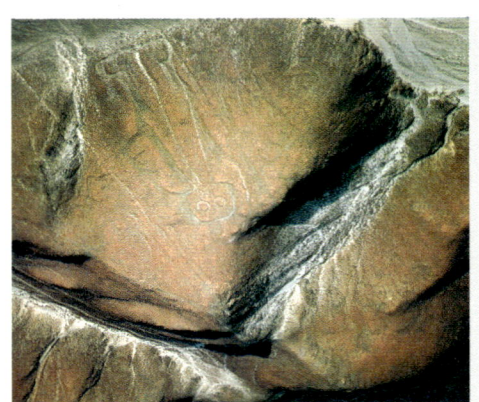
평지가 아닌 바위 골짜기에 그린 지상그림도 있다.

수 없다고 판단한 코소크는 이것을 일단 개울이라고 생각했다. 탐사대는 구불구불한 개울을 따라 걸어가면서 지도 위에 모양과 방위를 기록했다. 마침내 모든 작업을 마친 탐사대는 화들짝 놀라고 말았다. 개울의 전체 모양이 부리가 아주 큰 새 모양이었기 때문이다.

본격적으로 비행기를 타고 나스카 평원 위를 천천히 돌아본 코소크는 나스카 평원 여기저기에 삼각형과 나선형, 사각형 등 기하하적 도형을 비롯해 각종 동물 모양이 새겨 있는 것을 확인했다. 어떤 선들은 단 1°의 오차도 없이 정확하게 남북을 가리키고 있었다. 그러나 역사적으로 남아메리카 사람들이 나침반을 사용했다는 기록이 없고, 남반구에는 아예 북극성이 나타나지 않기 때문에 방위가 정확한 그림을 어떻게 그린 것인지 도무지 이해할 수 없었다.

코소크는 별자리 지도와 나스카 평원의 그림 지도를 대조한 결과 각 계절마다 천문이 변하는 모습이 땅 위 그림과 정확히 일치한다는 사실을 발견했다. 어떤 것은 달이 떠오르는 지점을, 어떤 그림은 별이 가장 밝을 때의 위치를 나타내고 있었다. 태양계의 각 행성은 삼각형과 선으로 표시되었으며, 남반구 상공을 메운 별자리도 보였다.

코소크 교수의 영향으로 1940년대부터 나스카 지상그림을 연구한 독일 여성 마리아 라이헤도 이것이 천문의 운행을 나타낸다고 주장했다. 직선이 천체의 위치와 씨를 뿌리고 수확하는 시기를 나타낸다는 것이다.

그러나 1965년, 천문학자 제럴드 호킨스가 나스카를 방문해 컴퓨터에 지상그림과 하늘에서 가장 빛나는 45개 별자리 자료를 입력한 후 그림들의 우주 행성과의 연관성을 연구했지만 결과는 부정적이었다.

세계인의 관심을 불러일으킨 나스카 지상그림의 총면적은 450km²에 달한다. 귀뚜라미와 거미, 매, 선인장 등 동·식물과 사람의 모습을 표현한 것이 대부분으로, 도형들의 규모가 엄청나고 선도 간결해서 땅에서는 그림의 정체를 알 수 없다. 크기가 다양하고 모든 선이 반듯하면서 각진 부분 역시 매우 뚜렷하게 그려져 있다. 또한 가로세로 교차한 선은 마치 오늘날 비행장의 활주로 같으며, 활주로의 넓이와 길이도 다양한데 어떤 것은 길이가 2,500m나 된다.

같은 도형이 일정한 간격을 두고 반복적으로 나타나기도 하는데 크기만 다를 뿐 모양이 완벽하게 일치하는 것도 놀랍다. 나스카 평원, 그 황량한 땅 위에 그려진 독특한 도안은 설계한 사람의 지적 능력이 얼마나 뛰어났는지 잘 보여 준다.

수십m에서 수천m에 달하는 거대한 그림을 도대체 어떻게 그린 것일까? 그것들은 사막의 거무스름한 자갈층을 긁어 내 그 아래 누런 땅을 드러내는 방식으로 그려졌다. 이런 식의 그림을 그리려면 쟁기를 이용해 땅을 판 후 파

벌새 한 마리가 긴 주둥이를 쭉 내밀고 있다.

꼬리를 돌돌 말고 있는 원숭이 그림
대체 누가 나스카 평원에 이처럼 거대한 작업을 했단 말인가?

낸 자갈과 모래 등을 운반할 가축이 있어야 하는데 모두 사람 손으로만 해낸 듯 도구와 가축을 활용한 흔적이 전혀 없는 것도 수수께끼다.

게다가 엄청나게 긴 직선을 어떻게 그토록 반듯하게 그릴 수 있었는지도 의문이다. 막대기를 들어 눈으로 선을 맞췄을 것이라는 주장도 있지만 과연 이 방법만으로 수천m가 넘는 직선을 시작점과 끝점의 편차가 겨우 2m도 되지 않을 만큼 반듯하게 그릴 수 있을까?

이 가설 외에 먼저 설계도를 이용해 모형을 그리고 이 모형을 몇 부분으로 나눈 뒤 일정한 비율로 확대해 땅에 그대로 옮긴 것이라는 주장도 있다.

나아가 공중에서 큰 그림을 띄워 땅에 비친 그림자대로 그린 것이라는 가설도 있다. 하지만 당시 나스카 사람들이 과연 하늘을 날 만한 기술이 있었을까?

이 거대한 지상그림을 그린 목적과 그린 방법에 대한 해석은 무척 다양하지만 이 그림을 그리려면 고도로 발달된 측량기와 계산기가 필요하다는 점에는 대부분 동의한다.

나스카 지상그림을 보려면 하늘로 최소한 300m 올라가야 하고, 1,000km나 높은 하늘에서도 볼 수 있기 때문이다. 이는 공중에서 아래를 내려다본 사람이 그림을 그릴 수 있다는 이야기다. 그렇다면 그 오랜 옛날 누가 하늘에서 이런 그림을 그렸다는 말인가?

스위스 고고학자 대니켄은 나스카의 지상그림이 외계인의 귀환을 바라는 잉카 사람들의 작품이라고 주장한다. 먼 옛날 외계인이 이곳에 임시 활주로 두 곳을 만드는 모습을 자세히 관찰한 잉카 사람들은 그들이 다시 돌아오기를 간절히 바랐지만 소망이 이루어지지 않자 외계인이 했던 것처럼 땅에 새로운 활주로를 그려 넣었다. 처음에는 직선만 죽 긋는 데 그쳤지만 점차 거대한 동물과 비행을 상징하는 새를 비롯해 거미나 물고기, 원숭이 등 복잡한 그림을 표현하는 데 성공했다는 것이다.

한편, 고고학자 그레이엄 핸콕은 지상그림이 잉카의 전설에 나오는 비라코차가 남긴 작품이라고 말한다.

과학자들은 지상그림에서 발견한 도자기 파편과 주변에서 발굴한 각종 유기물을 방사성 탄소 연대측정법으로 조사해 이 지상그림이 기원전 500년에서 기원후 500년 사이에 그려진 것으로 추측했다. 물론 이 선 자체의 연대를 측정하는 것은 불가능하다. 또한 나스카 지상그림이 완성되고 오랜 시간이 흐른 후 오늘날 연대를 측정하는 기준이 되는 유적을 다른 사람들이 가져왔을 가능성도 배제할 수는 없다. 그렇다면 나스카 지상그림은 지금 추측하는 것보다 훨씬 오래 전에 완성되었다는 이야기가 된다.

나스카의 지상그림과 관련해 명확하게 밝혀진 것은 이 작품들이 토양과 기후 덕분에 아주 오랜 세월이 흐른 지금까지도 거의 완벽하게 보존되었다는 사실이다. 흙에 들어 있는 점토와 석고 때문에 습기가 많은 아침

가장 기괴하고 감동적인 거미 그림
이 거미는 하나의 선으로 완성되었는데 아마 특권 계층의 종교나 미래를 점치는 의식과 관련이 있어 보인다.

저녁이면 돌들이 땅에 들러붙고 낮에는 뜨거운 태양빛에 표면이 말라 돌이 더욱 견고하게 땅에 고정된다. 게다가 비가 거의 오지 않는 건조한 기후 덕분에 그림이 빗물에 침식되는 일 없이 잘 보존되었다. 아마도 땅이 워낙 척박해서 식물을 심기 위해 개간하지 않았던 것도 한몫했을 것이다.

지금으로선 지상그림을 누가, 언제, 어떻게, 왜 그렸는지 알 길이 없지만 땅에 새겨진 여러 문양들은 여전히 하늘을 향해 손짓하고 있다.

비라코차는 누구인가?

안데스 지역의 전설에 따르면 엄청난 홍수로 지구가 물에 잠긴 혼돈의 시대, 큰 키에 피부가 하얗고 턱수염을 기르고 하얀 외투를 걸친 비라코차가 나타났다. 모든 언어에 능통한 그는 사람들에게 의학과 건축, 농업 등을 가르치며 문명을 일으키고는 배를 타고 바다로 사라졌다. 그래서 그에게 '바다의 거품'이란 뜻의 이름이 붙은 것이다.

이후 언젠가 그가 돌아올 것이라 믿었던 잉카 제국 사람들은 16세기 총으로 무장한 스페인 군대가 잉카에 도착했을 때 그들이 바로 비라코차라고 생각해 너무 쉽게 멸망하고 말았다.

그런데 흥미로운 사실은 이름은 다르더라도 같은 전설이 중앙아메리카에 널리 퍼져 있다는 것이다. 같은 외모를 지닌 초인이 멕시코 테오티우아칸에서는 케트살코아틀이란 이름으로, 페루의 티티카카 호수 지역에서는 투누파란 이름으로 나타나 사람들을 계몽시킨 후 바다로 사라졌다.

사람들에게 문명을 전파하고 홀연히 사라진 비라코차는 과연 누구일까? 같은 전설이 여러 곳에서 전해 내려온다는 사실은 무엇을 의미하는가? 최근 비라코차가 세포에 멜라닌 색소가 없는 알비노 중 하나였을지 모른다는 이야기도 나왔지만 이 역시 가설에 불과하다. 비라코차가 일으켰다는 문명은 유적으로 남아 현대인도 볼 수 있지만 너무 많은 수수께끼를 담고 있어 해석하려면 오랜 시간이 걸릴 듯하다.

CHAPTER 09

하늘 아래 첫 호수, 티티카카 호의 비밀

세상에서 가장 높은 호수인 티티카카 호가 원래는 바다였다고 한다.
바다가 어떻게 호수가 된 것인지, 그렇게 주장하는 근거가 무엇인지 살펴보자.

볼리비아와 페루의 국경지대인 알티플라노 고원에 자리한 티티카카 호는 세계에서 가장 높은 곳에 위치한(해발 3,812m) 호수이자 남아메리카에서 가장 큰 담수호이다. '고원의 진주'라고 불리는 티티카카 호가 사실은 바다였다면 믿을 수 있을까? 바다가 어떻게 3,812m나 솟아올라 세상에서 가장 높은 곳의 호수가 되었을까? 또한 티티카카 호에 남은 고대의 유적은 무엇을 뜻하는가?

티티카카 호의 형성과 관련해 이 지역 인디오 사이에 전해 내려오는 전설이 있다. 물의 신의 딸이 젊은 선원 티투어와 몰래 부부의 연을 맺었다. 이 사실을 안 물의 신이 화가 나 티투어를 물에 빠뜨려 죽여 버렸다. 깊은 슬픔에 잠긴 그녀는 티투어를 언덕으로 만들고, 자신은 넓은 눈물 호수가 되었다. 인디언들은 두 사람을 기념하기 위해 이 호수에 둘의 이름을 함께 넣어 '티티카카 호'라는 이름을 붙였다.

서북에서 동남쪽으로 193km 뻗어 있으며, 폭이 가장 넓은 곳은 80km나 되는 티티카카 호에는 자연자원이 무척 풍부하다. 특히 호숫가에 자라는 갈대의 일종인 토토라는 인디오에게 없어선 안 될 귀중한 자원이다. 실제로 티티카카 호에 떠 있는 수십 개의 섬과 섬 위의 집, 호수의 이동수단인 배들은 바로 토토라로 만든 것이다. 토토라를 베어 3m 정도 겹겹이 쌓으면 물에 가라앉지 않는 섬이 된다. 우로스족은 이 인공섬에 집을 짓고 고기를 잡으며 생활하고 있다.

티티카카 호는 해발고도 3,812m나 되는 고원에 있지만 호수 주위에서 바다의 조개화석이 많이 발견되었다. 이를 근거로 과학자들은 알티플라노 고원이 아주 오래 전에는 해저지형이었는

안데스 산맥이 비치는 티티카카 호
티티카카 호는 세계에서 해발이 가장 높고 항해에 적합한 호수다. 페루와 볼리비아 국경선이 이 호수의 중앙을 통과한다. 물이 무척 투명하며 염분을 조금 함유하고 있지만 사람이 마시는 데는 별로 문제되지 않는다.

데 1억 년 전 지각변동이 일어나 위로 솟아오른 것이라고 설명한다. 그런데 아직도 호수에 해마와 갑각류 등 바다생물이 살고 있다니 놀라울 따름이다.

호수 주변에 남아 있는 고대 해안선의 흔적을 살펴보면 호수의 면적이 오래 전 매우 크게 변했음을 알 수 있다. 해안선은 평평하지 않고 북쪽에서 남쪽으로 기울어져 북쪽은 현재 호수면보다 80m가량 높고, 반대로 남쪽으로 약 740km 떨어진 곳은 호수면보다 약 3km나 낮다.

또한 티티카카 호 남동쪽 라파스에서 72km 떨어진 고대 유적지 티와나쿠는 현재 호수면보다 30m나 높다. 티와나쿠의 선착장 유적으로 미루어 볼 때 티와나쿠가 티티카카 호의 항구도시였음이 분명하므로 티와나쿠가 건설된 후 호수가 가라앉았거나 육지가 상승했을 것으로 보인다.

티티카카 호에는 41개나 되는 작은 섬이 떠 있는데 그중 가장 유명한 것은 볼리비아 쪽 태양의 섬과 달의 섬이다. 두 섬 모두에는 인디오 유적이 남아 있는데 특히 달의 섬에는 기원전에 지은 고성과 아름다운 사당, 피라미드 등 석조 건축물이 있다. 호수 주변에 위치한 여러 마을에도 고대의 문화유적이 남아 있다.

호수 위뿐만 아니라 호수 밑바닥도 연구대상이다. 1980년대 초, 볼리비아 쪽 호수 밑바닥에서 터널과 동굴, 조각이 되어 있는 벽 등으로 이루어진 성의 유적이 발견되었다.

2004년 8월에는 이탈리아의 유명한 고고학자 로렌조와 연구

티티카카 호 주변의 원주민인 인디오

팀이 로봇을 이용해 수심 100m 지점을 촬영한 결과 폐허가 된 고대 유적지를 볼 수 있었다.

로렌조 팀은 이 유적지가 1만 년 전에 사라진 도시라고 추정했다. 사진에 찍힌 도자기와 도금 조각상은 당시 이곳 사람들이 상당히 수준 높은 문명을 누리고 있었음을 말해 준다. 이런 문명을 누렸던 사람들은 누구였을까? 그리고 그들은 어디로 사라진 것일까?

오세아니아 · 남극과 북극

5장

호주에는 무기를 나타내는

부호나 추상적인 형태의 비행기, 사람의 팔, 각양각색의 손자국 등이 그려진 원시동굴이 많이 남아 있다. 고고학자들은 특히 동굴에 찍힌 손자국을 설명하기 위해 중부 지역에서 조상의 영혼을 모시는 위패가 널리 쓰였던 사실을 주목하였다.

원시동굴에 남아 있는 수인

목판이나 석판을 5~6cm 내지 수십cm 길이의 긴 타원형으로 만든 위패를 조상의 영혼과 동일시한 호주의 원주민들은 다음과 같은 독특한 영혼관을 가지고 있었다.

태초에 하늘과 땅이 열린 후 선조들과 함께 그들의 위

패도 땅 위에 내려왔다. 남녀노소를 막론하고 사람들은 모두 하나씩의 위패를 가지고 있었다. 위패에는 죽은 자의 혼이 그대로 담겨 이를 모신 후손들은 조상의 특성을 그대로 물려받을 수 있었다. 반대로 위패를 잃어버리는 것은 당사자에게 크나큰 불행을 의미했다.

위패에 담긴 영혼은 둘로 나뉘어 하나는 위패에 남고, 다른 하나는 지나가는 여인의 몸속으로 들어가 아기로 다시 태어난다. 따라서 모든 후손은 조상이 환생한 것이며, 여자의 임신은 남자와는 무관한 일이다. 설사 결혼한 원주민 사이에서 혼혈아가 태어난다 해도 이는 여자가 유럽인들이 전해 준 밀가루를 먹었기 때문일 뿐 이상하게 여길 일이 못 된다.

생명의 근원인 위패는 부족의 추장이 관리하며 소중히 다룬다. 동굴에서 위패를 옮길 때는 동굴 입구에 위패 주인이 손자국을 남겨 영혼에게 이를 알려야 했다. 또한 결혼할 때와 죽은

벽화에 그려진 말과 선명한 수인

후에도 손자국을 남기는 풍습이 있었으니, 결혼할 때는 오른손 수인을 찍고, 죽은 후에는 왼손 수인을 남겼다.

고고학자들은 이런 자료를 바탕으로 원시동굴 안의 손자국이 구석기시대의 흔적이며, 추장의 통치를 위한 한 방편이자 신성한 의식에 참가해 남긴 표식일 가능성이 크다고 주장했다.

손자국이 무속과 관련 있다고 생각하는 전문가들도 있다. 가령 사냥에 앞서 동굴에 동물을 그린 다음 손자국을 찍음으로써 동물에게 어떤 힘을 행사하거나 동물의 번식을 기원하는 의미를 담았다는 것이다.

S. 굿윈은 손자국이 자학 행위의 일종이라고 주장한다. 동굴 벽에 스스로 상처를 낸 듯 남겨 놓은 손자국은 자신을 동정하고 가엽게 생각해 달라고 외치는 호소의 표시라는 설명이다.

이 외에 재미로 남긴 낙서라는 주장, 모신 母神에게 다산을 기원하는 행위라는 설, 작품을 남긴 사람의 사인에 불과하다는 견해 등 여러 주장이 나오고 있다. 나아가 손자국과 함께 점과 짧은 선으로 이루어진 남성의 성적 상징이 함께 표현된 것으로 보아 손자국은 여성을 상징한다는 가설도 있다.

누가, 왜 원시동굴 속에 손자국을 남겨 놓은 것일까? 벽에 남은 손자국은 단순하고 선명하기 이를 데 없지만, 100세기 후를 살아가는 현대 문명인의 눈에는 그저 난해한 수수께끼가 아닐 수 없다.

CHAPTER 02

호주 원주민의 수호신, 울루루

세계 최대의 단일 암석 울루루에는 호주 원주민의 신비한 전설이 살아 숨쉰다.
시시각각 다양한 장관을 연출하는 울루루의 매력과 숨겨진 이야기에 귀기울여 보자.

전체 면적이 1,325km²인 울루루-카타추타 국립공원은 호주의 황량한 사막에 자리하고 있다. 원래 이곳은 원주민인 아그난 족의 소유로, 이 지역을 국립공원으로 지정한 호주 정부에 2084년까지 임대해 준 상태다.

울루루는 지면보다 최고 348m나 높고 전체 둘레가 9.4km나 되는 세계 최대 단일 암석으로, 거대한 동물이 땅에 엎드린 것 같은 웅장한 모습을 자랑한다. 서쪽이 낮고 좁은 반면 동쪽이 넓고 높은 이 바위 위에는 새나 그 어떤 동물도 살지 않고 풀도 자라지 않는다. 이따금 바위 위를 기어가는 도마뱀을 볼 수 있을 뿐이다.

울루루는 무엇보다 시간과 날씨에 따라 매우 다양한 색으로 변하는 신비를 지니고 있다. 매일 아침 첫 번째 빛줄기가 닿으면 서서히 모습을 드러내는 울루루는 곧 찬란한 색채로 빛난다. 이후 해가 질 때까지 엷은 붉은색과 자줏빛, 핏빛 등으로 변신을 거듭하며 사람들의 시선을 사로잡는다. 원래는 잿빛이어야 할 사암 덩어리지만, 그 위를 덮은 철분이 산화되면서 붉은색으로 변한

암석에서 흘러내린 빗물이 고여 탄생한 마티주루 샘

평원에 우뚝 솟은 거대한 울루루는 100km 밖에서도 보인다.

것이다.

오랜 세월 비바람에 깎인 울루루에는 세로로 갈라진 틈과 동굴은 물론, 사람이나 동물을 연상시키는 골짜기가 만들어졌다. 비가 오면 이 거대한 바위는 빗물을 흡수하지 않고 바짝 마른 골짜기 사이로 폭포 같은 빗물을 쏟아 낸다. 덕분에 촉촉하게 젖어 초목이 자라는 주변 땅에는 개구리와 곤충이 폴짝 뛰고 새들이 바쁘게 날아다닌다.

울루루는 이 지역 원주민들의 성지이기도 하다. 전설에 따르면 울루루는 대지를 만들고 인간 생활에 필요한 모든 것을 만든 조상이 길을 알려 주기 위해 만든 표식이라고 한다.

처음으로 호주에 정착한 사람들은 5만 년 전 동남아시아에서 건너온 유목민이었다. 600~700개의 부락을 이루어 생활한 그들은 독특한 표창과 작살을 사용해 사냥을 하고 과일과 식물 뿌리를 채집했다.

각 부락마다 여러 개의 자치단위로 구성되어 있었으며, 남자 하나와 그 형제, 처, 자녀 등이 한 단위를 이루었다. 여성도 평등한 지위를 누렸으며 남녀 모두 각기 제를 올리며 의식을 거행했다.

조상이 자신의 땅을 수호하고 있다고 믿었던 원주민들은 울루루를 바로 그 상징이라고 여겨 매우 신성시했다. 하지만 세계 각지에서 몰려온 여행객들이 과거 주술사만 출입이 가능했던 울루루에 함부로 올라가거나 허락 없이 돌을 주워 가는 바람에 원주민들의 원성 또한 높아졌다.

그런데 최근, 과거 10년 동안 울루루에서 돌을 가져갔던 세계 각국의 사람들이 돌을 되돌려 보내는 일이 늘어났다. 그들은 이 붉은 암석 때문에 불행이 찾아왔기 때문에 주인에게 돌려주기로 결정했다는 편지를 남겼다. 한 영국인은 돌을 가져간 후 아내가 중풍에 걸리고 아이들도 무시무시한 일들을 겪는 등 안 좋은 일이 계속 일어났다고 하소연했다.

일부 사람들에게 찾아온 불행이 울루루의 돌 탓이라는 근거는 어디에도 없다. 다만 사람과 땅이 하나이며 자연의 섭리를 거스르지 말아야 한다는 원주민들의 믿음은 꼭 한 번 되새겨 볼 필요가 있지 않을까?

풍화작용으로 갈라진 틈

빗물의 침식과 일교차가 큰 기후 탓에 암석이 팽창과 수축을 반복하며 표면이 갈라졌다.

CHAPTER 03

세계 최대의 산호초, 그레이트 배리어 리프

그레이트 배리어 리프는 세계 최대의 산호초로서 신기한 각종 생물의 보금자리이기도 하다.
그레이트 배리어 리프를 통해 산호초가 형성되는 과정과 그 속에 사는 바다생물을 알아보자.

호주 퀸즐랜드 동쪽 해안과 남회귀선
사이의 열대 해역에 위치한 그레이트 배리어 리프Great Barrier Reef
는 동서 너비가 500~2,000m, 남북 길이가 약 2,000km나 되는
세계에서 가장 큰 산호초다. 강장동물인 산호폴립(산호충)과 석
회질 조류가 군체를 이룬 곳에 바다생물의 뼛조각, 조류의 잔해
등이 오랜 세월 쌓여 만들어진 산호초가 수면 위로 모습을 드러
낼 만큼 크고 넓게 분포하게 된 것이다.

해안을 따라 고리 모양으로 형성된 그레이트 배
리어 리프와 해안가 사이의 호수 같은 바다는 물결
이 잔잔한 천연의 항구가 된다. 물이 워낙 깨끗해
배 위에서도 바다 속의 다양하고 아름다운 산호와
물고기를 볼 수 있어 전 세계 관광객의 발길이 끊이
지 않는다.

그레이트 배리어 리프에서는 날개를 편 공작이나
사슴뿔 모양, 버섯처럼 둥글둥글하거나 비취처럼

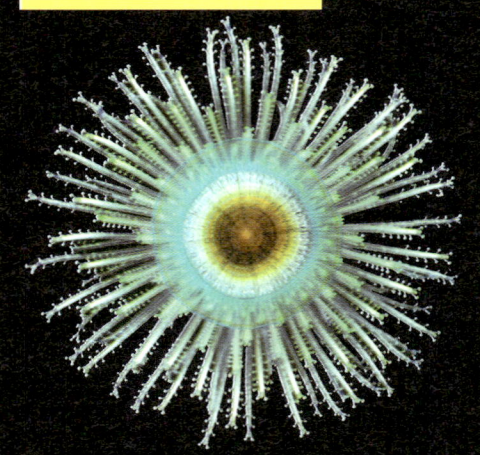

푸른우산관해파리

푸른 빛깔, 바람에 날리는 눈송이 모양이나 연잎 같은 가지각색의 산호 400여 종이 장관을 연출한다. 그뿐 아니라 각종 어류와 게, 해조류, 연체동물이 오색찬란한 아름다움을 자랑하며 맑은 물속에 모습을 드러낸다. 자유롭게 바다 속을 노니는 빨판상어, 가시처럼 뾰죽한 등에서 독을 내뿜는 퉁쏠치, 보기만 해도 오싹할 만큼 거대한 조개, 엄청나게 큰 바다거북도 볼 수 있다. 해안에는 조수에 밀려 올라온 크고 작은 조개들이 반짝이고 썰물 때 미처 빠져나가지 못한 1m가 넘는 커다란 새우는 오동통한 해삼과 함께 누군가의 근사한 먹을거리가 된다.

　한편 매년 7～9월이면 멸종위기의 혹등고래가 그레이트 배리어 리프를 찾아온다. 혹등고래는 전체 길이 15m, 큰 것은 체중

그레이트 배리어 리프

이 40t이 넘는 커다란 동물이지만 성격이 온화해서 이따금 관광객이 탄 배에 접근하기도 한다. 식물을 먹고사는 유일한 해양 포유류인 듀공과 더불어, 멸종위기에 처한 바다거북이 매년 10월에서 이듬해 3월 사이 해안에 올라와 알을 낳는 진풍경도 구경할 수 있다.

그레이트 배리어 리프는 산호초 대부분이 바다에 잠겨 있고 일부만 바다 위로 드러나 있지만 총면적이 20만 7,000km²에 달한다. 주변의 크고 작은 산호섬들 가운데 일부에는 두꺼운 토양층이 형성되어 야자수와 파파야, 바나나, 향초, 빵나무 등이 빽빽하게 자라고 100만 마리의 갈매기가 서식하기도 한다. 호주 정부는 북부 케언스 부근 바다 속에 산호초와 바다생물을 관찰하는 시설을 만들어 관광객이 자연의 작품을 마음껏 감상할 수 있게 했다.

촉수   산호 폴립

입

격벽

돌처럼 딱딱한 골축

산호가 돌이나 식물이라고 생각하
는 사람이 많지만 사실 산호는 폴
립이라는 작은 강장동물이다. 폴립
은 작은 주머니 모양으로 주머니
정상이 입에 해당된다. 입 주위에는
털이 달린 촉수가 가득 있으며 해
안가 암석이나 암초에 닿으면 뿌리
를 내리고 성장한다.

11

13

12

14

15

16

19

18

17

16

이처럼 그레이트 배리어 리프는 전 세계적에서 가장 활력이 넘치는, 완전한 생태계를 갖춘 곳이다. 거센 바람과 파도를 막아주는 산호 군락 덕분에 각종 바다생물은 산호 구멍 안에서 안전하게 대가족을 이룬다. 그러나 이들에게 가장 큰 위협이 되는 것은 다름 아닌 사람이었다.

1960~1970년대 사람들이 닥치는 대로 고래와 어류를 포획하면서 그레이트 배리어 리프 부근의 생태계도 큰 타격을 입었다. 더불어 관광객들이 산호를 갉아 먹는 불가사리의 천적인 소라고둥을 잡는 바람에 불가사리의 수가 급격히 늘어나 수많은 산호가 아름다운 모양과 색을 잃고 죽어갔다. 그 때문에 일부 산호초의 생태환경은 40년이 지나야 회복될 수 있다고 한다.

그레이트 배리어 리프에 닥친 위험이 생각보다 훨씬 심각해서 50년 안에 모두 부서질 것이라는 연구결과도 나왔다. 세계에서 가장 아름다운 자연 경관이 사람 때문에 사라지지 않도록 모두 관심을 갖고 생태계 복원을 위해 노력해야 할 때다.

남극의 얼음이 품은 비밀

CHAPTER 04

꽁꽁 언 남극의 얼음 밑에도 과연 생명체가 살고 있을까?
남극의 얼음에는 과연 지구의 어떤 비밀이 숨겨져 있을까?
남극을 연구해 온 성과를 통해 인간에게 다가올 미래를 점처 본다.

지구에서 가장 추운 남극의 평균 기온
은 -79℃, 지금까지 알려진 지구의 최저 기온은 구소련 과학탐
사대가 남극 보스토크에서 측정한 -89.2℃이다. 남극이 이렇게
낮은 기온을 유지하는 것은 1년 내내 빙설로 덮여 있기 때문이

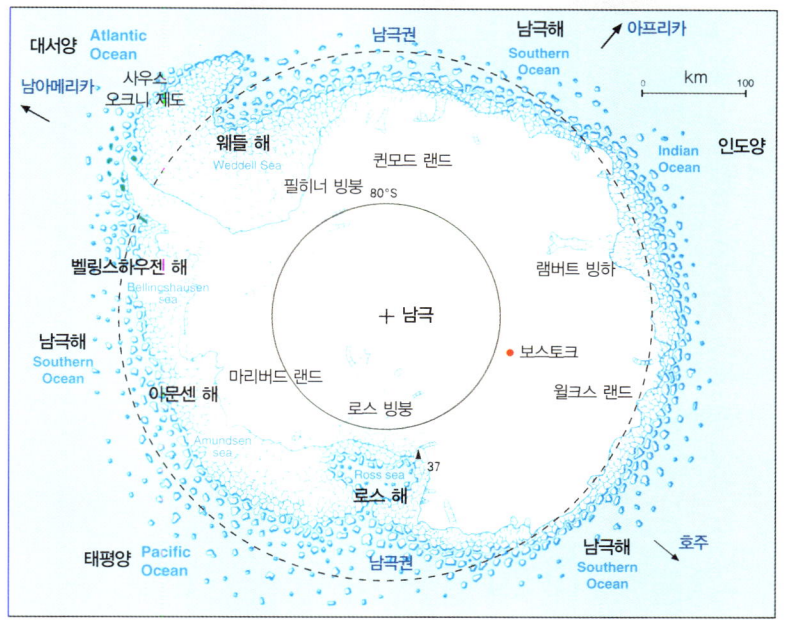

빈슨산괴▲
서남극대륙
마리버드 랜드

남극반도

웨들 해

퀸모드 랜드

남극고원
남극점●

동남극대륙

윌크스 랜드

로스 해

빅토리아 랜드

빙설로 뒤덮인 남극

얼음과 눈이 녹은 남극의 상상도

다. 남극대륙은 총 면적이 약 1,400만km²로, 산이 드러난 곳은 전체 대륙의 7%에도 미치지 않으며 나머지 93%는 항상 두터운 빙설로 뒤덮여 있다.

하늘에서 바라보면 남극대륙은 가운데가 솟아오른 고원 형태로, 동·서 대륙의 중심부는 해발고도 1,500~4,000m에 이른다. 남극을 감싼 거대하고 두꺼운 얼음층 가운데 가장 두꺼운 곳은 그 두께가 4,800m에 달하며, 평균 두께도 2,000m이다. 겨울이면 바닷물이 모두 얼어붙어 대륙의 얼음덮개와 꽁꽁 언 바닷물이 하나가 되면서 거대하고 하얀 평원을 형성하는데 그 면적이 아프리카 대륙보다 넓은 3,300km²에 이른다.

그러나 남극대륙의 진면목은 얼음 위가 아닌, 바로 얼음덮개 아래에 있다. 남극의 숨겨진 진가를 일찍이 깨달은 세계 각국은 어려운 작업 환경에도 불구하고 상호협력을 통해 활발히 연구를 진행하고 있으며, 이에 얼음 밑에 숨겨진 수많은 비밀이 하나씩 풀리는 중이다.

남극대륙은 무엇보다 어마어마한 자원이 매장되어 있다는 사실이 알려지면서 주목받기 시작했다. 1973년, 미국 로스 해 대륙

붕에서 석유와 천연가스가 발견된 것은 물론, 남극대륙 서반부만 해도 세계 연 생산량의 2~3배에 달하는 석유가 매장된 것으로 드러났다. 이 밖에 금, 동, 백금, 아연, 니켈, 몰리브덴, 망간 등 금속과 코발트, 우라늄 등 약 200여 종의 광물이 남극에 묻혀 있다.

과학자들은 남극의 풍부한 자원을 근거로 지구가 탄생했을 시점에는 남극이 따뜻했을 것이라고 추측한다. 1억 년 전 지구 남반구에 곤드와나라는 거대한 대륙이 있었다. 당시에는 빽빽한 열대우림을 어디서나 볼 수 있을 만큼 기후가 온화했다. 그런데 시간이 흘러 해저가 확장되고 대륙이 이동하면서 곤드와나 대륙이 지금의 아프리카 대륙과 호주, 남아메리카, 남극대륙 등으로 분리되었다고 한다.

남극을 연구하는 과학자들은 빙하에 구멍을 뚫어 얼음핵을 채취한다. 오랜 세월 축적된 얼음층에는 아주 옛날 우주에서 날아온 물질과 운석은 물론, 원자폭탄 실험 당시 떨어진 방사능 물질 등 각 시대 인류가 남긴 쓰레기가 남아 있다.

또한 빙하기와 화산 폭발 같은 주목할 만한 기후 변화나 지진 활동 등의 흔적도 고스란히 남아 있어 오랜 세월 지구의 기후 변화를 파악하는 데에도 유용하다. 실제로 남극의 얼음덮개 2,083m 깊이에서 추출한 얼음핵을 분석한 결과, 최근 16만 년 동안 지구의 온도 변화 추이를 밝혀내기도 했다.

얼음핵은 또한 지구와 우주의 관계를 비롯해 최근 지구의 오염 정도를 파악하는 데에도 중요한 자료가 된다. 과학자들은 얼음핵에서 얻은 정보를 제대로 분석하면 앞으로 지구의 기후와 환경 변화를 예측할 수 있다고 믿는다. 남극의 빙하는 한마디로 지구의 진귀한 문서보관소인 셈이다.

한편 남극의 보스토크 호 3,600m 깊이의 얼음층에서는 박테리아가 살아서 번식하고 있다는 사실이 밝혀졌다. 산소도, 먹이도 없는 이곳은 구소련 과학탐사대가 지구에서 기온이 가장 낮은 지점이라고 발표한 곳이기도 하다.

박테리아가 그곳에 머문 시간은 자그마치 50만 년이나 된다. 과학자들은 박테리아를 담은 작은 흙 따위가 바람에 날려 와 호수에 묻혔거나 원래 호수에서 자라던 박테리아가 얼음이 얼면서 줄곧 갇혀 있었던 것으로 추측한다.

두꺼운 얼음 때문에 연구에 어려움을 겪고 있는 남극. 그렇다면 얼음이 줄어들거나 사라진다면 막대한 자원을 손쉽게 이용할 수 있을 뿐 아니라 과학계의 연구도 훨씬 진전되지 않을까? 이런 낙관적인 예상과 달리 남극의 얼음이 사라지면 대재난이 발생할 것이라는 경고의 목소리가 나오고 있다.

남극의 눈과 얼음이 모두 녹으면 해수면이 평균 50~60m 높아져 많은 땅이 물에 잠긴다. 2만 년 전 빙하기와 비교하면 현재 남극의 서부 빙하는 약 3분의 2 정도 줄어들고 해수면은 11m 증가했다.

실제로 전 세계의 해수면이 매년 2cm씩 상승하고 있는 것도 남극의 빙하가 녹고 있기 때문이라고 한다. 미국 콜롬비아 대학의 지구관측소에서 활동하는 스탠 제이콥스는 남극의 동부 지역 빙하는 규모가 크게 변하지 않았지만 일부 지역의 빙하가 현재 빠른 속도로 사라지는 중이라고 주장한다.

수년간 빙하를 연구해 온 미국의 지구물리학자 로버트는 남극 서부 빙원이 수천 년 동안 규칙적으로 조금씩 무너지고 있으므로 앞으로 1,000~2,000년 뒤에는 완전히 붕괴될 것이라고 추측한다. 미국 콜로라도 주 국가빙설연구센터의 연구자 타일러 역시 위성사진을 분석한 결과를 토대로 남극의 빙원이 무너지고 있다고 발표한 바 있다.

남극 빙원이 서서히 사라지고 있다는 점에 대해서는 많은 전

남극의 빙산이 만들어지는 과정
남극대륙의 빙원은 가운데가 높고 사방이 낮은 방패 형태의 지형에 가까운데다 중력에 의해 매년 많은 얼음덩어리가 바다로 미끄러진다. 빙하에서 떨어져 나온 빙산은 바람과 해수의 흐름을 따라 북쪽으로 떠내려가는데 추운 계절에는 남위 40° 까지 이동한다.

빙하가 아래로 흘러내린다

초기 빙상

바다에 이른 빙하의 크기가 더 커진다

얼음덩어리가 떨어져 나와 빙산이 된다

문가들이 동의하지만 정확한 이유를 밝혀낸 과학자는 아직 없다. 지구 온난화 탓이라는 주장이 우세하긴 하지만 이에 대한 반론도 만만치 않다.

    남극의 빙하가 녹는 진짜 이유는 무엇일까? 빙하가 녹아 해수면이 올라가면 지구의 미래는 어떻게 될까? 과학자들이 어서 남극 얼음 속에 묻힌 비밀을 파헤쳐 인류의 미래를 밝은 곳으로 이끌길 기대한다.

남극의 사막, 드라이 밸리

CHAPTER 05

남극에도 얼음으로 뒤덮이지 않은 사막이 있다.
여기에 수면 아래로 갈수록 온도가 높아지는 호수가 있다면?
남극의 신기한 사막, 드라이 밸리를 탐험해 보자.

남극대륙은 '하얀 대륙' 이라는 별명에 걸맞게 면적의 95% 이상이 두터운 눈과 얼음으로 덮여 있다. 그런데 남극에도 맨 땅과 암석이 그대로 드러나 있는 지역이 있을까?

1947년 2월, 남극대륙의 남인도양 연안 위를 비행하던 미국 해군 소령 데이비드 벙거는 깜짝 놀라고 말았다. 남극에서 눈으로 덮이지 않은 땅과 얼지 않은 호수를 발견한 것이다. 이후 거대한 얼음벽으로 둘러싸인, 이 얼지 않은 땅과 호수는 '벙거 힐' 또는 '벙거 오아시스' 라고 불리게 되었다.

남극의 오아시스란 사막의 오아시스처럼 울창한 나무가 자라고 샘이 솟는 곳이 아니다. 눈과 얼음의 땅, 남극에서 뜻밖에도 눈과 얼음이 없는 곳을 발견한 탐험가와 과학자들이 감격한 나머지 특별히 붙인 이름일 뿐이다. 전체 면적의 5% 정도를 차지하는 남극의 오아시스에는 마른 계곡과 호수, 화산과 산봉우리가 전부다. 사실 오아시스라기 보다 사막에 가까운 셈이다.

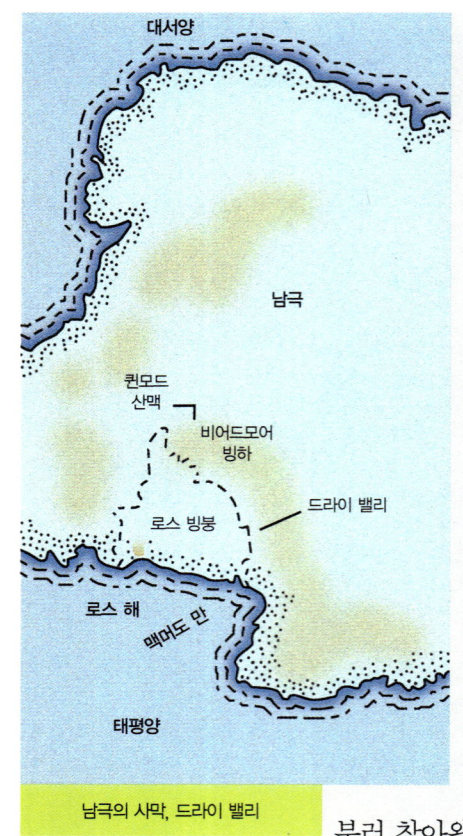

남극의 사막, 드라이 밸리

남극 맥머도 만 동북부에 있는 테일러 밸리와 라이트 밸리, 빅토리아 밸리 지역은 이들을 통틀어 일컫는 '드라이 밸리'라는 이름 그대로 200만 년 동안 비가 한 번도 내리지 않아 눈과 얼음을 찾아볼 수 없는 매마른 골짜기다. 눈이 와도 바람에 바로 쓸려가 쌓이지 않고 곳곳에 바다표범의 뼈가 드러나 있어 황량함과 신비함을 더한다.

그런데 이곳에 뼈를 묻은 바다표범들은 어디서 온 것일까? 가장 가까운 해안조차도 이 계곡에서 수십km나 떨어져 있으며, 조금 먼 해안은 100km 밖에 있다.

일부 과학자들은 바다표범이 해안에서 길을 잃는 바람에 눈도, 얼음도 없는 드라이 밸리에서 탈진해 죽고 말았을 것이라고 추측한다. 한편 자살하는 고래와 마찬가지로 바다표범들이 죽기 위해 이곳에 일부러 찾아왔다는 주장도 있다.

바다표범이 자살하는 이유가 명확하지 않다며 무언가에 위협을 느낀 나머지 이곳으로 쫓겨 왔다고 주장하는 학자도 있지만, 도대체 무엇이 바다표범을 이곳으로 내몰았단 말인가?

드라이 밸리에서 볼 수 있는 신비한 현상은 이뿐만이 아니다. 과학자들은 이곳에서 면적이 약 2,500km²에 달하는 '얼지 않는 호수'를 발견했다. 호숫물은 심하게 오염된 상태였으며, 이따금 간헐천이 솟아오르기도 했다. 그런데 정작 호수 근처에는 화산 활동이 전혀 없어 남극 한가운데 있는 호숫물을 데울 만한 요인을 발견할 수 없었다.

　얼지 않는 호수를 관찰한 과학자들은 사실은 죽어 있는 호수나 마찬가지인 이곳이 계곡으로 둘러싸인데다 호수에 떠 있는 얼음층이 렌즈 역할을 함으로써 햇빛이나 열을 모으는 역할을 하기 때문에 호수가 얼지 않는 것이라고 주장한다.

　그러나 반론도 만만치 않다. 그렇다면 호수 위에 떠 있는 얼음이 녹지 않는 이유는 무엇인가? 만약 호수의 얼음이 빛을 끌어모으는 역할을 한다면 다른 곳에는 왜 이처럼 특수한 '렌즈' 구실을 못하는 걸까? 이에 대해 지금까지 여러 가지 추측과 해석이

남극은 나무가 전혀 자라지 않는 가장 황량한 대륙이다. 강수량이 적고 동·식물이 살아가기에는 환경이 워낙 열악해서 하얀 사막이라고 부르기도 한다.

제기됐지만 아직 정확한 결론을 찾지 못한 상태다.

시간이 흘러 얼지 않는 호수에 이어 또 하나의 신기한 현상이 발견됐다. 밑바닥으로 갈수록 수온이 높아지는 호수를 발견한 것이다. 이 호수를 처음 발견하고 반다 호라는 이름을 붙인 것은 뉴질랜드 탐사대였다.

뒤를 이어 반다 호를 답사한 일본 과학자들은 호수의 수심별로 온도를 측정하고는 다시 한번 놀랐다. 3~4m나 되는 두꺼운 얼음 아래의 수온이 0°C, 15~16m 깊이에서는 7.7°C까지 상승한 데 이어 수심 40m 이하에서는 온대지역의 바닷물과 맞먹는 25°C에 달했기 때문이다.

이 소식을 듣고 몰려든 각국의 과학자들이 그 원인을 연구한 결과, 지열설과 태양복사설이라는 두 가지의 유력한 가설을 얻어 냈다.

1982년 12월 27일 알프레트 베게너 극지 및 해양연구소의 쇄빙선 폴라스타가 처음으로 남극을 해항했다.

지열설을 주장하는 과학자들은 반다 호에서 50km 떨어진 로스 해 부근의 멜버른 산과 에레베스 산을 주목했다. 멜버른 산이 휴화산이고 에레베스 산은 활화산이라는 사실은 이 일대 지하에서 마그마의 활동이 활발하다는 것을 의미한다. 따라서 지반 깊숙한 곳의 열기에 의해 호수 밑바닥에 가까울수록 수온이 높아진다는 설명도 가능해진다. 그러나 정작 드라이 밸리 지역에서는 화산 활동의 증거가 발견되지 않아 설득력을 잃고 말았다.

태양복사설을 주장하는 사람들은 호수에 태양의 복사에너지가 축적되어 수온이 높아진 것이라고 추측한다. 여름이면 호수를 뒤덮은 얼음을 뚫고 들어간 강렬한 태양빛이 호수의 밑바닥과 호수 벽을 따뜻하게 데운다. 이때 호수 밑바닥에 가라앉은 짠물이 태양 복사에너지를 흡수·축적하고 수면의 얼음이 호수 내부의 에너지가 빠져나가는 것을 막음으로써 온실효과를 끌어낸다는 이론이다.

면적이 대략 500㎢인 벙거 힐에는 1년 내내 바람이 분다. 벙거 힐 주변에는 자갈언덕과 더불어 물이 고여 생긴 호수도 있다.

이 가설에 반대하는 사람들은 여름의 경우 햇볕이 내리쬐는 시간이 비교적 길긴 하지만 맑은 날이 드물어 흡수할 수 있는 태양 복사에너지가 그리 많지 않은데다 90% 이상의 복사에너지가 얼음에 반사된다는 점을 지적한다. 게다가 물의 온도가 올라가더라도 밑바닥의 수온만 올라갈 수는 없는 일이라고 반박한다.

시간이 흘러 미국과 일본의 과학자들이 수년간의 연구 끝에 새로운 가설을 제시했다. 비록 남극은 여름에 맑은 날이 적어 지면이 태양 복사에너지를 적게 흡수하지만 일정량의 태양광이 투명한 얼음층을 통과함으로써 실제로는 보다 많은 에너지를 얻을 수 있다는 것이다. 한편 겨울에 부는 거센 바람은 이 일대를 덮고 있는 눈에 그다지 영향을 주지 않으며 여름의 경우, 밖으로 모습을 드러낸 바위가 열에너지를 충분히 흡수할 수 있다. 이런 상태에서 시간이 경과하면 호수의 윗부분과 더불어 얼음층 아래의 온도도 올라간다는 설명이다.

특히 호수 아랫부분은 염도가 높고 밀도가 큰 탓에 윗물과 섞이지 않아, 겨울에 쉽게 열을 빼앗기는 수면이나 상층부와 달리 높은 온도를 유지할 수 있다.

아직까지는 이 학설이 가장 그럴듯하지만 수수께끼가 완전히 풀린 것은 아니다. 그러나 불가사의한 자연현상을 그저 묵인하지 않고 끊임없는 연구를 통해 해답에 다가가려는 과학자들의 분투가 있기에 이 시간에도 지구의 비밀은 또 한 꺼풀 벗겨지고 있다.

CHAPTER 06

위험한 두 얼굴의 바다, 남극 웨들 해

남극은 탐험가들을 사로잡는 매력을 지닌 만큼 치명적인 위험이 도사리고 있다.
특히 웨들 해를 떠다니는 유빙은 수많은 선박을 파괴한 무시무시한 존재다.
많은 사람의 목숨을 앗아간 웨들 해의 정체를 파헤쳐 보자.

남극반도와 코츠 랜드 사이 남위 70°

부근에 위치한 웨들 해는 최남단이 남위 83°에 이르며 너비가 550km 이상인 바다로, 1823년 영국의 탐험가 J. 웨들이 처음 발견하여 그의 이름을 붙였다. 그런데 이후 많은 탐험가들은 이곳 웨들 해에 접근하는 것을 두려워하기 시작했다.

남극을 탐험하는 사람들이 가장 무서워하는 것 중의 하나는 해수가 얼어 바다 위를 표류하는 크고 작은 얼음 덩어리인 유빙이다. 특히 여름이면 웨들 해 북부에 커다란 유빙들이 떼를 지어 나타나 마치 바다 위에 하얀 지도를 펼쳐 놓은 듯하다. 여기에 높이가 100~200m, 면적이 200~300km²나 되는 거대한 빙산까지 유빙을 가로지르며 떠다니곤 한다.

이런 유빙을 헤치고 항해하는 일은 무척 위험하다. 몰려드는 유빙들이 바를 가로막고 계속 충돌하면 선박을 언제 죽음의 길목으로 밀어 넣을지 모르기 때문이다. 실제로 1915년 웨들 해의 유빙이 영국의 탐험선 인듀어런스 호를 침몰시킨 바 있다.

웨들 해의 바람도 무시할 수 없는 변수이다. 남풍이 불어 유빙이 북쪽으로 흩어지면 간격이 벌어지므로 그 사이로 항해할 수 있지만, 북풍이 불면 유빙들이 한데 모여 선박을 에워싼다. 그래서 웨들 해를 항해할 때는 남풍을 이용하되, 북풍으로 바뀌면 다른 해역으로 서둘러 피해야 한다.

웨들 해의 또 다른 마력은 눈부시게 아름다운 오로라와 변화무쌍한 신기루에서 확인할 수 있다. 현란한 오로라와 눈앞의 시야를 실제와 다르게 왜곡시키는 신기루에 둘러싸이면 환상 속을 떠도는 듯한 신비한 느낌과 더불어 때로는 두려움이 몰려들기도 한다. 망망한 남극 바다 한가운데에서 작은 유빙이 갑자기 거대한 빙하로 돌변하여 앞을 가로막거나 빙산 꼭대기에 이른 듯한 느낌이 든다면, 그것이 환상임을 깨닫기 전까지는 누구든 식은땀을 흘릴 수밖에 없다.

게다가 환상에 사로잡혀 있는 사이 실제로 유빙에 막혀 오도 가도 못하는 신세가 되거나 신기루를 피하려다 진짜 빙산과 충돌할 수도 있다.

웨들 해로 들어서는 탐험대는 이런 위험에 철저히 대비하지만 그 마력에서 쉽게 벗어날 수 없는 듯 피해는 계속되고 있다.

남극 탐험의 선구자 아문센과 스콧, 섀클턴

1895년 프리드쇼프 난센이 처음으로 북극점에 도전하면서 극지 탐험의 문이 열렸다. 난센은 비록 목표를 이루지 못했지만 1909년 로버트 피어리가 북극점에 도달한 이후 남극 탐험 역시 본격적으로 시도되기 시작했다. 그 선두에는 아문센과 스콧, 섀클턴이라는 위대한 영웅들이 있었다.

1910년 6월 영국의 열렬한 지지 속에 로버트 스콧은 11명의 대원을 이끌고 남극점 탐험에 나섰다. 같은 시기 북극점 탐험을 노렸던 노르웨이의 아문센은 피어리가 이미 북극점에 도달하자 목표를 바꾸어 남극으로 향했다. 이때부터 남극점을 향한 두 사람의 치열한 경쟁이 시작된다.

1911년 1월 아문센은 스콧보다 남극점에서 100km 가까운 곳에 기지를 세우고 10월까지 차례로 준비대를 보내 위도 1°마다 얼음 속에 식량을 파묻고 깃발을 세워 위치를 표시했다. 모든 준비를 마치고 10월 20일 기지를 출발한 아문센 탐험대는 12월 14일 드디어 최초로 남극점을 밟았다. 한편 아문센보다 4일 늦게 출발한 스콧은 1912년 1월 18일 남극점에 닿았지만 그곳엔 이미 아문센이 먼저 꽂은 노르웨이 깃발이 펄럭이고 있었다.

남극점에 도달한 이후에도 두 사람의 운명은 완전히 다른 길로 접어든다. 아문센은 1912년 1월 25일 기지로 돌아왔지만 스콧 일행은 9개월이 지나도록 행방이 묘연했다. 같은 해 11월 수색대가 눈 덮인 텐트에서 스콧을 발견했을 때는 이미 싸늘한 시체로 변한 후였다.

같은 목표를 지닌 두 사람의 결말이 이처럼 정반대가 된 것은 바로 준비의 차이 때문이었다. 아문센은 어렸을 때부터 노르웨이의

구조 요청을 위해 떠났던 어니스트 섀클턴이 1916년 8월 구조대를 이끌고 엘리펀트 섬으로 돌아오자 섬에 남아 있던 22명의 대원들이 환호하고 있다. 프랭크 헐리 사진.

산과 빙하지대를 여행하며 눈밭에 적응했지만 스콧은 1902년 1월에 남극을 탐험하면서 처음으로 눈을 접했다.

아문센은 또한 북극을 탐험하며 에스키모 인들로부터 극지방에서 생활하는 법을 배워 남극점 탐험에 백분 활용했다. 아문센은 털가죽 옷을 입고 시베리안 허스키가 끄는 썰매를 활용하는 것은 물론, 식량을 미리 파묻어 운반하는 짐의 양을 줄였다. 아울러 돌아오는 길에 허약해진 개를 잡아먹으면서 식량 문제를 해결했다.

반면에 스콧은 털가죽 옷 대신 모직 방한복을 입고 남극대륙을 걸어서 횡단했으며, 짐도 추위에 약한 조랑말에 실었다. 게다가 30마리나 되는 개를 가엾다는 이유로 남극점으로 향하던 길에 돌려보내고, 예정에 없던 대원을 1명 더 추가함으로써 위험요소를 늘렸다. 그 결과 모든 대원을 죽음으로 몰아넣고 만 것이다.

아문센과 스콧이 남극점에 도달한 지 3년 뒤인 1914년 12월 어니스트 섀클턴은 웨들 해에서 남극점을 지나 남극대륙을 횡단하는 탐험에 나섰다. 그러나 3개월 뒤 웨들 해의 유빙에 배가 갇히면서 앞으로 더 나아가지 못하고 유빙과 함께 표류하게 되었다. 엎친 데 덮친 격으로 1915년 10월에 배가 침몰하자 섀클턴과 대원들은 배를 탈출해 165일 동안이나 얼음 위에서 생활했다.

1916년 4월 얼음이 갈라지고 물길이 드러나자 섀클턴 일행은 보트를 저어 드디어 얼음이 아닌 땅, 엘리펀트 섬에 닿았다. 섀클턴은 그곳에서 중요한 결단을 내린다. 대원 5명을 이끌고 사우스조지아 섬의 기지를 찾아 구조 요청에 나서기로 한 것이다. 엘리펀트 섬과 사우스조지아 섬 사이에는 1,280km나 되는, 세상에서 가장 거친 바다인 드레이크 해협과 3,000m 높이의 얼음산이 버티고 있었지만 다른 방법이 없었다.

　　2주 동안 험한 바다와 목숨을 걸고 싸워 가까스로 얼음산을 넘은 섀클턴은 드디어 사우스조지아 섬에 도착, 구조대원을 이끌고 다시 엘리펀트 섬으로 돌아왔다. 그 사이 엘리펀트 섬에 남아 끝까지 살아남은 22명의 대원들은 결국 한 사람의 희생자도 없이 구출될 수 있었다. 조난당한 지 634일째 되던 날이었다. 섀클턴은 비록 목표한 바를 이루지는 못했지만 극한의 상황에서 용기와 믿음으로 대원들을 희망으로 이끈 진정한 영웅으로 남게 됐다.

CHAPTER 07

북극에 정말 UFO 기지가 있을까?

미국의 한 해군제독이 북극 땅 속에 있는 UFO 기지에 다녀왔다고 하는데 이게 과연 진실일까?
미국에서 50년간 극비문서로 간주돼 온 버드 제독의 UFO 기지 방문일지를 공개한다!

지구에 정말 UFO 기지가 있을까?

UFO 전문가의 연구에 따르면 UFO의 출현에는 세 가지 가능성이 있다고 한다. 외우주나 내우주(지구의 중심에서 대기층까지)에서, 또는 시간의 터널을 지나 온 미래의 인간일 가능성이다. 그러나 대부분의 사람들이 지구 내부에 UFO 기지가 있다는 말을 믿지 않는다.

사진 오른쪽에 보이는 발광체가 UFO라고 한다. 태양빛을 가린 덕분에 비행물체가 더욱 선명하게 보인다.

얼마 전 미국 초대 남극 개척대장을 지낸 리처드 E. 버드 해군 제독이 1947년 북극을 비행하다 지구 속으로 들어가 UFO 기지를 방문한 일지가 공개되었다. 이 일지는 미국 국방부에 보고된 내용으로, 지난 50년 동안 극비문서로 취급되었다. 그 내용을 살펴보면 다음과 같다.

1947년 2월, 북극 기지에 주둔해 있던 버드 탐험대는 비행을 나섰다가 지구 속으로 빨려 들어갔다. 그는 어떤 특이한 부력이 비행기를 받치그 있다는 느낌을 받았지만 어찌된 일인지 비행기 기기들이 작동되지 않았다. 나침반과 육분의(두 점 사이의 각도를 재는 광학기계)도 빙빙 돌기만 할 뿐 비행방향을 설정하지 못했다.

버드 제독은 그곳에서 망원경을 통해 반짝이는 도시와 지구에서 이미 멸종한

것으로 알려진 매머드를 비롯해 푸른 구릉지대를 발견하곤 깜짝 놀랐다. 여기는 북극이 아니던가!

몇 분 후, 기기들이 정상으로 돌아와 작동이 가능했지만 무선통신은 여전히 연결되지 않았다. 잠시 후 비행기의 좌우 날개 쪽에 뜻 모를 부호들이 적힌 비행접시 모양의 발광체가 다가왔다. 그와 동시에 무선통신기에서는 독일어와 북유럽 억양이 섞인 영어로 "장군을 환영합니다"라는 말이 흘러나왔다.

비행기의 엔진이 멈추고 비행기가 잠시 흔들리더니 바닥에 안전하게 착륙했다. 그리고 금발에 푸른 눈과 하얀 피부, 체격이 듬직한 사람이 나타났다. 다행스럽게도 그의 손에는 아무런 무기도 들려 있지 않았다.

그곳 사람들은 버드 제독과 무선통신원을 반갑게 맞이하더니 한 건물로 데리고 갔으며, 이어 버드 제독만 따로 다른 곳으로 인도되었다. 버드 제독은 그곳에서 온화한 표정의 한 남자와 만나 이야기를 나누었다.

아리아니라는 지하세계에 사는 사람들은 미국이 일본 히로시

거대한 비행물체가 공중에
떠 있는 과학잡지의 표지

마에 원자폭탄을 떨어뜨린 후부터 외부세계에 관심을
갖게 되었다. 그 시대 지상에서는 무슨 일이 일어나
는지 조사하기 위해 탐사대를 파견한 그들은 지상의
문화와 과학기술이 지하세계보다 수천 년이나 뒤떨
어진다는 사실을 알았다. 원래는 지상에서 벌어지
는 전쟁에 간섭하지 않았지만 원자폭탄의 파괴력
이 엄청나서 인류가 또 다시 이 무기를 사용하지
않길 바라며 강대국에 교섭단을 파견했지만 성공
하지 못했다.

그들은 지상세계에서 벌어지는 전쟁에 불만을
터뜨렸다. 전쟁으로 전 세계가 혼란에 빠져들어
이런 일이 계속되면 세계는 곧 망할 것이라고 경고했다. 만약 지
상이 폐허가 된다면 지하세계 사람들은 지상세계 사람들을 도와
새로운 세계를 건설할 것이라고 덧붙였다.

만남이 끝난 후, 버드 제독은 원래 왔던 길을 따라 무선통신원
이 머무르고 있는 곳으로 나왔다. 그곳을 떠나기 전, 무선통신기
에서 이번에는 "안녕!"이라는 말이 흘러나왔다. 그들은 두 대의
비행기가 인도하는 가운데 823m까지 날아올라 27분 후, 무사히
북극 기지에 도착했다.

버드 제독은 미국에 돌아오자마자 국방부 참모회의에 참석해
트루먼 대통령에게 이 사실을 보고했다. 자신의 말이 진실임을
증명하기 위해 중앙정보국과 의료팀의 조사를 받은 후, 버드 제
독은 이 일에 관해 입을 다물라는 명령을 받았으며 버드 제독이

영화나 만화 등에서 그리는
비행물체의 모양은 세계 각
지에 나타나는 UFO와 매우
비슷하다.

제출한 일지도 압류당했다.

버드 제독의 일지가 공개된 후 지하세계가 정말 존재하는지,
그곳에 외계인이 건설한 UFO 기지가 있는지에 대해 논쟁이 끊
이지 않았다. 여러 추측과 음모설이 쏟아져 나오는 가운데 지하
세계 아리아니에 방문했다거나 그곳에서 파견되었다는 사람은
더 이상 나타나지 않았다.